TING TALK

目錄

CH.1 態度決定高度、心態決定境界

CH.2 女生不得不知的6件事

CH.3 二次創業 保險

CH.4 IQ、EQ你也有了,FQ你有沒有? IQ=智商 EQ=情商 FQ=財商

CH.5 如何尋找幸福？

CH.6 當媽媽後的話

怎樣才是一個好開始？
嘗試、了解、放棄、成功，你在哪一階段？

總監的話

第一次見你的時候對你的印象是一位外型亮麗，氣質翩翩，像年輕剛畢業的小女生。偏偏原來已經是育有一名小孩兼懷孕四個月中的媽媽。

記得你第一次參與我教培訓班的景象，從你的眼神感覺到你是一個做事認真，虛心學習及態度良好的人。跟大家相處的時候你總是斯文有禮，說話謙遜，談吐大方得體，令我深信此女生必定是家教甚好，父母培育得宜。

在我們的話題中，無論是做生意，健康管理，妝容護理，育兒心得，做人做事態度都很有自己的一套，都是以充滿自信但謙虛的態度來表達自己的價值觀。

家境條件不庸，已經創立了不同的生意，我問你為何還要以保險理財來再創業？你說是另類滿足感。不是為了金錢而上班的你卻是每次開會都是第一個到公司的人。上班都是悉心打扮，是一位對自我要求高的人。

認識你近兩年時間，我好像還沒見過你發脾氣。不是因為你戇直沒有脾氣，而是因為心胸夠寬闊。跟你在公司共事時，面對任何事情都能處之泰然，彷彿在你心目中沒有任何事情是困難的。證明你內心強大，解決問題能力高，執行力強。

忽然有一天，我們決定了三個人今年每人出一本書，我們三個一起在公司通宵達旦討論。第二天，你二話不說的就去安排包括買不同的書作參考，內容排版上的準備，找設計師等，看到你做事效率高及認真細心的一面。

相信大家能在這本書中發現為何她在各樣事情都能處理得妥當，她背後的理念和價值觀。懂得巧妙地分配時間，把女兒，老婆，媽媽，老闆，合夥人，同事，朋友每個角色都做得好，確實值得大家參考。

溫柔的自信，強大的內心
謙厚的談吐，甜美的笑容

本來已經是人生勝利組的你，我祝你在各方面也得心應手，繼續幸福美滿人生。

區域總監
香港友邦保險有限公司
吳民雄先生

媽媽給我的話

由知道女兒要出書，到面世，才不到兩個月！

女兒突然對我說：「媽媽，可否替我寫一個序？」

(哈哈！我猶豫了一陣子，想一想......我不懂啊！我可以嗎？)

女兒再說一遍！

我問要寫什麼？她說什麼也可以啊！

我答道：「好吧！試試吧！」

(💕 就讓我在她的書上留一頁吧！)

真的，由零開始的東西，特別令人興奮！想不到這個女兒從嬰兒、讀書、結婚、生兩個兒子、工作，到現在開拓自己的新天地......一本關於她個人多方面的書籍，製作效率高實在令我佩服。

相信每個人都有不同的生命軌跡，由出生，小孩，少年，成人，中年，老年，乃至死亡，各人有不同的經歷及結果，大家在不同的信仰或冇信仰內出發人生，所遇到的人和事實在是既複雜又精彩，確是變化萬千。

孕育一個新生兒是上天給我們的禮物是一件奇妙的事情，我們抱着既興奮又期待的心情來迎接生命來臨。

我這個女兒從一個小豆丁到亭亭玉立，再走到人生另一階段，結婚生子，現在又走到創業旅途這個過程，就好像坐穿梭機那麼快。

細想在她讀中學的時期，某年的家長日，她的班主任稱讚她「樂於助人，思考敏捷，什麼也搞得掂......！」離開班房後又巧遇到一位中文科老師，他又向我稱讚她「文筆流暢，內容細膩......等」對她十分欣賞。

（如這兩位老師看到這本書，我想在此説聲：多謝！多謝你們對小女的讚美！相信讚美的説話，是令她有自信地成長的重要因素！）

中學畢業後，順利升上大學，令我們十分欣喜！在這段大學日子裏，她攻讀心理系，研習到關於男女有別古代社會與現代社會不平等的現實世界……這些社會現況使她更想尋找快樂的人生。她敢於開創自己的新天地，不斷提升自我，曠闊視野，慢慢學習與人相處，照顧家庭，亦知道和睦相處的重要性。

原本以為女兒寫的是一本教人投資的書，看過後才知道這本書「The Next:WKOL——由平凡變得不平凡」彷彿是她的人生藍圖，涵蓋多方面，從經濟概念、賺錢思維、男朋友交往和選擇，以致育兒知識……等等。

內容包羅萬有，希望從這本書裏讀者朋友們尋找到你在人生路途上所需要的小知識或者小提示，希望對大家有一點點的幫助。內容當然會有各人所好，請各位讀者朋友們對小女兒多多包涵！指教！指教！

現時的現象 vs 古代的現象

「女子無才便是德」的古代傳統思想一直都限制着女性的發展，以前的社會現象都不給予女生機會學習，更不要說在職場發展，**女生要得到「成功」的認同**，必須主內，當賢良淑德的妻子，教育兒女，管理家庭。

但隨着西方思想的滲透、社會的開放，越來越多女性外出工作，亦能自我獨立，在職場都能夠得到很高的成就，這些都代表社會一直推前進步，值得高興。

但後來當我在大學時期，寫了一篇論文，研究發現女性在職場上能夠成功好像只是表象，而現實她們所承受的壓力、她們在工作上或是家庭上的滿意度都被角色定型所影響。

記得當時我曾經訪問一位女教授，她是一位在事業上很成功的女性而且已經結婚有小孩子。我便好奇問她會否因為身為母親的身份而影響她的工作和家庭的滿意度，她當下的反應是「當然會啦，不論是照顧小朋友還是雙方的父母都是我一手包辦，連自己休息的時間也沒有！」聽到這一點，我頓時覺得一個成功的職業女性也要為照顧家庭而煩惱，究竟是為什麼？

社會雖然比以往走前了；思想比以往前衛了，對女性的認受性也提高了，但作為一個女性內心深處，她們對於自己作為一個媽媽的身份還是出來工作的身份都有着迷惘的時候，她們在兩者身份上都未能取得平衡點，亦未能在雙職媽媽的心態上是開心和健康的。

試做一個很簡單的測試，當一個3歲的兒子在床上跌下來，趴在地上痛哭流血，當下你想到是誰要負上責任？

相信你們的答案都是兒子的母親，照顧孩子是母親的責任。這些根深蒂固的傳統思想，一直潛意識的影響着女性，**社會上一直給予女性一些無形的壓力。**

但是我對於兩性的看法都是**抱着平等開放的態度，**對於男女都沒有既定的角色身份定型，**亦很相信每個人都是平等的。**所以我對於做雙職媽媽抱住另一種心態，就是要做到兩全其美，我希望做到有自己的事業之餘，亦能夠照顧家庭，教育孩子，所以我會選擇較有彈性的工作，而傳統朝九晚五的工作並不能符合我的條件。

我最終以創業和保險作為我職業，**兩者相似之處是時間上較有彈性，**能夠在短時間內處理完所有工作，便能陪伴小朋友。保險和派對房間更可以透過網絡營銷，**廿四小時增加客源，**當睡覺的時候，和小朋友玩樂的時候，吃飯見客的時候，都正在接觸新的客戶群。透過網絡營銷做到槓桿時間的效果，好讓我能在**事業和家庭上都取得平衡，亦有自己的「ME TIME」。**

正正因為這些原因，我希望透過這本書、我的分享、我的故事、我的個人成長及在各方面的價值觀，特別在女性的戀愛婚姻角度及作為一個雙職媽媽如何取得真正的平衡和內心真正的快樂，給予妳們一個借鏡。

CHAPTER 1
態度決定高度、心態決定境界

1.1 字典裡沒有「唔得」的爸爸

如果取得別人的信任，你就必須作出承諾，一經承諾之後，便要負責到底，即使中途有困難，也要堅守承諾。

作為女兒的我，父親的價值觀對我有着深遠的影響。以往他的一舉一動，都讓我留下深刻的印象。

他是一個怎樣的人？

我對他最深刻的印象，一定是「承諾」，說到做到，不會說一句「唔得」。

他是一個守信用及守承諾的人，**而守承諾的程度小至一個家庭聚會、一個飯局、一個簡單的約會，他都會十分重視。**

怎樣看得出他的重視？

聚會前的1小時，他都會提醒我，謹記準時，**雖然守時是純粹在時間上守時，若然放大來看，就是遵守承諾之意**。

家人從來都是我們最親密及最親近的人，而在家人面前，理應是以最低的防禦、或是用最輕鬆的狀態去面對的。但他都會重視對我們的承諾，說到做到。

我們這代年青人很多都缺乏時間觀念，開會遲到、返工遲到、上課走堂，就連見客約會都遲到。你也是其中一份子嗎？**但作為一個成功的人，理應堅守到對別人的承諾，守時亦即是守信用**，你對這件事重視與否，態度是否認真，尊重不尊重，都已經能從時間上看穿。

就好比你要見一個重要的客人，你會為了他早到30分鐘到達，以防止任何意外的發生而導致你遲到，亦代表你對這件事的態度十分重視。而且這份重視，你能否放在每一個人的身上？

用見客的心態做一個例子，一個普通客戶約見面，你會遲10分鐘或是改期，因為客人對你無利益，覺得不重要；一個準客戶準備簽單，你會準時；一個高端客戶約簽10萬佣金的單，你會早到。

準時看似簡單，但又是否每件事上都做到呢？

而我爸就是答應了的事一定會做到，答應了的約會，不分輕重，即使面對身邊最親的人亦不能鬆懈或輕視，因為這是個**從心而發的一個內心本質及核心價值，不因人而異，亦不為及利益**，這是我最欣賞他為人的地方，亦是我做人的價值所在。

另一個價值是什麼?

他教導我成為一個負責任的人。意思是在**任何事情及任何層面上,我們都要為自己每一個決定、每一個行為、每一個舉止去負責。**

就好比一間公司的運作,主席負責開會作帶領,經理監督下線的進度,員工執行職務。我們在日常生活上,其實每一刻都扮演不同的角色。在每一個時間點,或每一個階段,我們就要扮演好當刻的角色。就像我每天上班要去開會,就要做好開會時一個好同事的本份;如今天是家庭日,我需要陪伴父母的,我就應該要做好今天女兒的角色。

其實在每個時間點,我們都在飾演一個角色,就只要做好本份,為自己每一個崗位去負責任,很多不必要的煩惱或者問題都可以避免。

另一個層面,負責任的意思是避免用一個受害者的心態思考。簡單來說,為何很多時現在社會存在不少抱怨及不開心現象?

是由於很多人認為自己在很多事情上都是身不由己。為何父母對自己不好？為何父母不能提供我物質生活？為何別人的永遠比自己好？

這些都是人們把自己當作為受害者而產生的想法。

但事實並非如此，**若以一個負責任的心態去面對事情，我們會思考如何去改變及創造更多，從而改變自己心態。**如父母不能提供的，我們就應該想法為自己爭取，而非埋怨別人。又例如，在職場上，會考慮為何上司重視其他同事多於自己，缺乏晉升機會，這必然陷入了一個受害者的角色。

用另一個角度去看，比起抱怨，更應思考一下自己是否有什麼不足之處，自己的能力所限，如何讓自己更上一層樓，從而令上司賞識你自己。即使最後未能得到上司賞識，做好了自己的角色及本份便已經足夠。正如父親教導我成為一個負責任的人，都是同一層面。

另一個價值，**沒有不可能的事，以及任何事也可以解決**。因為當我們以一個負責的態度面對自己的人生，便會發現很多的可能性。因為這個可能性都是自己改變心態後自己創造出來的。**因為用一個負責的角度去思考，其實很多問題都是從自己的心態出發，從而消化，並得到解決。**

我爸爸都經常提點我們，找自己喜歡做的，一般家庭都可能會喜歡子女當律師、醫生，成為專業人士，有一個穩定的收人，不要冒太多的風險。而他給我們自由度相當的大，我們說一句「要創業」，就馬上支持，負面的不說太多，向正面的想，因為沒有事不可能，而這個態度用於創業上便能解決很多的困難。很多時我們遇到困難都會鑽牛角尖，找不到解決的方案，但有時深呼吸，出外逛一逛，尋找朋友的意見，只要抱著正面態度或許「叮」一聲就能想到解決方法。

最後一個他帶給我的價值就是**錢不是賺返來，而是「慳」出來**。為什麼你跟別人做同樣的生意，生意額一樣，但你的利潤能做得比他多，就是**節省成本**，那麼成本怎樣節省？**就是你懂得怎樣「慳錢」！**當一間廠製造一件產品，大致建築工程小至一粒螺絲，當中的每一分每一毫都要計算得清清楚楚。因為一口螺絲的價錢就算只差0.01仙，只要量多都可以做出差距過百萬的成本。再說多一個比喻，為什麼餐廳要花費萬元去聘請「貨數佬」幫你點數、對貨？因為每件貨品省多少，你就能賺多少，有對貨的餐廳跟沒有對貨的餐廳至少可以節省兩三萬元，而且直接就是你的利潤。

用多一個打工的作比喻，你的收入就是生意額，你的支出就是日常生活開支，一個月薪$30000的打工仔，假如他將生活開支縮減到$5000，平常帶飯、出門搭交通工具，那麼剩下來的錢就是他的利潤。相反，如果他的生活開支是一萬，出門要Uber，經常吃喝玩樂，購買奢侈品，所剩下來的錢只剩$20000。兩個人的差距一年就是$60000，十年就是$600000，假若再配合投資，不多4厘回報的儲蓄產品，這10年省下來的60萬，二十年後便是$120萬，將會是多一倍。所以不要覺得平常的開支只能省下幾十塊很少，**你能省下來的錢，就是你跟別人的差距。**

因此從這些細節中，我亦領教到錢來得不易，不是用來亂花費的，而是怎樣將辛苦慳來的錢儲起來，然後作更好的投資。我亦很感恩從小被灌輸這些正確的價值觀，好讓我在人生路上走得更順暢。

感恩父母對我的教導，愛我的爸媽 

1.2

少女創業Cafe 夢 創造第一份被動收入

相信開cafe是不少女生的創業夢，幻想著咖啡店裡充斥著咖啡的香氣，客人安坐在舒適的椅枱，精緻美味的蛋糕放置在展示櫃，一切都很美好。創業說得容易，但現實要怎樣才能踏出第一步呢？

身邊也有不少朋友都喜歡到咖啡店飲食、打卡影相，心裡面都想擁有一間屬於自己的咖啡店。**但光是紙上談兵，還是一步一步落實呢？**

很多時候我們說到創業都會卻步，第一，擔心資金的問題，開餐廳的資本少則一、二百萬，多則上千萬。開業好景的能半年回本，不好景的幾年都不要想到回本，不用墊支也算是偷笑。**所以開店之前理應三思**，首先你有沒有預備輸掉金錢也不會影響心情或生活的心態，一旦創業失敗也必影響自己的生活，從頭來過。不少人創業前都抱着只能贏不能輸的心態，雖然很正面，但現實總是殘酷，市場好景與否都不是你能力所能控制到的，所以我們先要準備好面臨着各方面結果的心態，**成功的當然開心，繼續發展；失敗的也不要氣餒，拿着失敗的經驗，從中再改進，重新出發，直至成功為止。**

當時面對創業，**我也是不在乎成功與否，而是着重當中的過程**。過程中也能學會很多知識，一步一步了解整個行業。以開餐廳做例子，因為是首次創業，很多方面都是新接觸。

怎樣選好舖位？

一間餐廳的鋪位很重要，有時我們會留意到一間餐廳與另外一間餐廳只是相隔一條街，甚至轉角位，在人流上都會有好大差別，我們稱之為「陰街」和「陽街」。雖然你可以說你應靠實力一炮而紅，不論什麼位置也能吸引到客源，但有幾多機會率你是其中一位？

我們創業第一步不要以為自己能一步到位，因為創業是需要時間和經驗才能成功的，那些以為開創了自己的事業就會成功的人，只是他們未創業，了解並不全面，**所以我們必須抱住穩打穩扎的心態去開創自己的事業。**

吸取前人成功的經驗，參考行內成功的例子，是讓你最快增長學識的第一步。如果你對某行業一竅不通注定失敗，有心的話倒不如主動請教別人。創業還是打工也同樣，你要進步得比人快先要學習你認為行內最成功的人，參考他們的做法，向他們取經。就好比保險業一樣，為什麼有人能快速建立團隊，幾何級數字增長，有人卻為二、三十人而煩惱。他們有沒有先向其他已經成功的人主動請教，有沒有建立適合的系統成就他的團隊，如果還是手把手教學、原地踏步沒有作出改變，又怎能成功呢？

HASH

抱住一個積極學習的心態，學習他人成功的方法，少走冤枉路，就是成功的道路。

那麼創業之路上如何分散風險，我不是老闆格又怎能成功呢？

不是每個人都能有能力獨自成功，但如果是兩三個人、或是一班人，就能容易成功。**正所謂三個臭皮匠，勝過一個諸葛亮**，每個人在不同範疇都有他們的能力，不論是人脈、資金、管理、組織和執行各方面，都各有長短，而我們學會將大家的長短處互補，就能成為一個更高能力的整體。簡單點，你缺乏哪一方面的能力，就跟這方面能力高的人合作。就例如我想開派對房間，我有的是資源、經驗、統籌、解決問題的能力，但我不善於與客人聯絡，我就找一個善於聯絡客戶的合作夥伴，解決我的不足之處。

人一定不會是完美，十隻手指有長短，但只要配合得好，大家互補不足，各展所長，就能更易成功。

但當中也存在着另一種風險，與人合作就是會遇上溝通上的問題。因為大家都想為自己的事業作一番貢獻，都會有認為「最好」的意見，而怎樣為之最好，則需要時間溝通，又或是將主導權放在一人身上，免除「最好」帶來的麻煩。

1.3 廿四小時營業的派對房間

很多人都想什麼不幹，透過被動收入賺取生活所需，我也不例外。
投資基金、股票作為收息，是我一如以往的被動收入，但怎樣將這份被動收入不斷增加，就是要賺更多的「子彈」。

記得第一次接觸派對房間，是為了有和朋友聚首的地方，可以有共享娛樂，唱K、打牌、食飯。

到後來，一個接一個帶來更多的朋友，更多人認識，便開始踏入這一個行業，有時會租給朋友，一班接一班，賺取多一份收入。

接着朋友太多，尤其是在節日假期一定應接不暇，所以到後來便開多一間做街外的生意。

我和夥伴是怎樣經營派對房間？

一開始當然是選一個合適的位置，**這個位置最好交通方便**，接近地鐵站和巴士站等等，方便顧客踏足。當然租金也不能忽略，以最低的價錢租最大的空間，如果你想省下裝修費用，就算一間**「四正」**的地方，**租金高一點也不介意，因為很快會「搵得返」**。

當所有設備都準備好，我們便透過網絡營銷來尋找客戶，設立Instagram建立自己的品牌，吸納粉絲，不時更新，亦會做宣傳。

請掃描安心追蹤
PARTYROOM.ANA
Instagram

ANA

10大派對房間創業一定要知道的事:

1. 派對房間要按主題作裝飾，如日式設計、樸素風格等
2. 節日要營造氣氛，例如加入聖誕氣氛元素
3. 除了基本的娛樂設施要加入自己特有的元素，例如有露台BBQ、供給小朋友的娛樂設施
4. Instagram的名字要容易被搜尋（詳情可找我了解😌）
5. 進入派對房間時的感覺要舒適，乾淨企理
6. 要客人繳交按金，不然客人會不愛惜東西
7. 客人玩樂後可以叫他給予評價，作為宣傳和轉介之用
8. 不斷更新Instagram包括動態和貼紙，跟粉絲和客戶互動
9. 單位一定要有洗手間，面積不能過細
10. 交通方便鄰近地鐵站，荃灣、觀塘等都是可選之處

1.4 當一個長期主義者 成為時間的朋友

成為時間的朋友，可能你會以為我想說的是怎樣有效地管理時間，怎樣規劃好生活每一天。然而，今天想寫的，**是做一個長期主義者的概念。**

如果大家有看過張磊的《價值》，或聽過羅振宇（App的創始人）的演講，對長期主義者這個名詞，一定不感到陌生。

那為什麼我們要做一個長期主義者？

因為我們在對待事情上，**只用短期的思維模式，往往有機會做錯決定或得不到有效的成果，**有機會阻礙我們獲得長遠的成就。

例如急功求成，在當今高速發展的社會環境下，人們對於速度的追求越來越強調。

特別在自媒體、網絡營銷的世界，讓人眼花撩亂，不管訊息有沒有fact check過，都是一股勁兒的先輸出，**在最短時間內吸引觀眾眼球的就是贏家。**

在職場上，很多受薪階層不斷被老闆所提倡的「高效率」，以及自身對於升職加薪的強烈渴望，令我們容易處於心浮氣躁和焦慮當中，導致我們難以專注學習和成長，更可能形成抱怨不滿，影響長遠發展，最後弄巧成拙。

所謂，**飯要一口一口吃，路要一步一步走，**我們需要同時在高效率運行和欲速則不達中取得平衡，應做好每個播種、施肥、澆水的過程，更能收穫果實的人生。

另外，**猶豫不決和拖延，就像一對孖生兄弟**，讓我們錯失良機，時間白白溜走後，依然沒有勇氣做出一個決定。

也有些人因為害怕承擔決定錯誤後的責任，以為不斷拖延就能避免犯錯；還有一些人，他們聲稱自己在探尋完美的解決方案，等待最合適的時機才下手，其實多半在逃避問題。

你不願意種花，不願意看見它一點一點的凋謝，為了避免結束，就避免了一切開始。同樣應用在愛情上，可能害怕得不到自己想要的親密關係，於是不敢開始，不敢完全投入去愛。

這類人，他們大多搞不清楚，人生的未來並沒有100%的確定性。我們只能夠透過當下不斷的創造，去實現想要的未來。猶豫的人之所以猶豫，就是忽略了長期主義的想法，希望結果立刻就要達成，徘徊在未實現和要實現的糾結當中，造成猶豫不決。

不論是急功求成，或是猶豫不決，拖延等等的短期思維，都讓我們無法活在當下，感受當下，創造有效且美好的將來。

那麼長期主義者代表什麼？

很多人以為「長期主義者」背後代表的就是長期堅持不懈，在某個範疇努力深耕，最終就能獲得重要的成就。

然而，並不是。

我認為真正成為一個有效的長期主義者，獲得持續性的成功，有四個關鍵要素。

1 清晰方向

圓規為什麼可以畫圓？因為腳在走，心不變。

有些人為什麼不能圓夢？因為心不定，腳不動。當我們有了清晰的方向，確定自己要去的地方，就能心定，並持續性地輸出。而這個方向的設立，是自主確定以及能和自己的人生願景匹配的。

2 堅定信念

信念所說的就是相信的力量。

第一，要明白目標不會一步到位，需要時間去達成。
第二，相信最終都會去到終點。無論從事什麼，想要有所成就，我們都必須深耕其中。

3 戰略執行

雖然說條條大路通羅馬，路也有分很多條，大路，小路，捷徑，這些都會影響我們能不能有效地達成目標。

我們選擇哪條路線，就是我們的戰略。就好像很多人都相信一萬小時的定律，但是首先要解決核心問題，才能讓我們的努力不被白費。

4 有價值的時間投放

你對一件事投入的時間總長度非常重要，最重要的是每天的投入，而不是「三天打魚、兩天曬網」式的做，在做的時候，投入有足夠的高價值，那就更容易事半功倍。

流水不爭先，爭的是滔滔不絕。
做一件事，目光放在一兩三年，那同台競爭的人很多。**假如把目光放到未來五年，十年，那成功的路並不擁擠，因為能留到最後的人並不多。**

1.5 不進則退 提升自我

你會願意利用金錢投資在股票、樓房、保險等等，但你又會否投資在自己的身上呢？

相信增值自己這個決定，永遠都是最好的投資，尤其是女生，投資在自己的身上，不斷提升自我。**別長期依賴別人，停留在舒適圈。一旦身邊依靠的人離開，亦能獨自撐起，面對生活。**

《五種時間》一書中提出一個概念：

硬核人生終極等式 $D=P(1+R)^N$

D:夢想或目的地

P:核心競爭力起點

R：進步的速度

N:時間

當我們不斷提升自我增值，同時間在提高自己的競爭力，亦一步一步加快自己的學習能力，經過一番努力，便能達到我們想要的結果。

大多數人都是追求直線人生，即是一生的「開端」努力奮鬥直到直線的「末端」，等到退休的時候，便停下來過日子。但這個思維模式已經不合時宜，因為隨著時代迅速發展，**你只要停止不動，所有人都在前進，實際上是不進則退。**

任何人都可以過得輕鬆快樂，可只是輕鬆快樂，人不會進步，沒有人能既過著輕鬆快樂的生活還取得偉大成就。**我們要過一個長期主義的人生，就需要持續不斷的學習。**

增值自己的6種層面

1

閱讀除了可以充實自己，同時亦可以增加自己的修養和內涵。

你讀過的書，就顯示出來走過的路，你所累積下來的學識，亦能提升你的氣質、談吐和態度。從書中我們可以獲得知識方面的提升，例如《高效能人士的七個習慣》這本書教我們每個人都需要從來都內到外打造自己。

2

幫助他人，身體力行，參與不同義工活動，正所謂「助人為快樂之本」，幫助別人的同時也能夠充實到自己的內心。

即使進行義工活動需要用到自己很多的時間和精力，**但是當我們看到那些因為受到我們幫助而發自內心的笑容時，就會令人感到充滿活力且生活變得更有意義。**

3

我們亦要時刻與自己對話了解自己，每一天都要找一個時間把眼睛閉上與內心溝通，了解自己真正想要的是什麼。

我們要明白到世界上最了解我們自己的人並不是我們的父母、伴侶，甚至是朋友，而是我們自己。如果我們並不清楚了解自己想要的是什麼或者想做的事情是什麼，我們又如何生活得快樂呢？

所以我們首先要了解自己的嗜好是什麼，這樣才會過得快樂。

4

發掘自己的興趣，我相信每個人的興趣各有不同，但是若果每一日都重複做一些沉悶的事，這樣的生活就好像十分枯燥乏味。

但當我們成功發掘到自己的興趣，從而令**我們的生活變得多姿多彩時，都會有閃閃發亮的一面。**

例如我自己的興趣就是唱歌、跳舞和彈琴，偶然會畫畫，做一些藝術性質的事。而這些都是我的興趣，同時亦能讓人明白有自己的興趣是一件十分重要的事。若然連自己的嗜好或興趣是什麼都不清楚時，我們只不過是一個只會生活的機械人，每日都重複必須要做的事情。

5

學會自主獨立生活，**拒絕「拖延症」**。

我認為高效率、重質素的處理方式才是最有效的。

總有些人看起來每天都很忙碌，但當問他們做過什麼的時候，就好像什麼事情都沒有完成似的。亦有時你委托一個人辦事時，他總會有萬般的藉口婉拒，說「時間不夠，我很忙」，但說真的時間很公平，每人都只有廿四小時，你的工作量多少其實每天都有個大概，而你說你忙，沒時間，很多時歸根究底、就是你的辦事能力效率問題。人家做到，你做不到，不是人家本事，是你懶。所以多幸時間是公平，努力的回報也是相應。

增值自己的6種層面

6

問自己每天用多少時間對着電子產品？

相信大家都是機不離手的，但若然能夠找一天，放下你的電話，感受一下人與人之間的相處，到戶外接觸大自然，例如行山、游泳等等。

這些都是一些能夠充實自己，**讓自己的生活看起來不一樣的活動，同時能夠感受到這個世界的變化。**

CHAPTER 2
女生不得不知的6件事

2.1 一看便懂：提高氣質的方法

言行

自信有禮貌，不說粗話，說話聲音適中和發自內心的微笑。我遇見過一些女生雖然外表斯文，但口裏滿是髒話，一聽到便會對減分。兒時家人都教導我要尊重別人，說話有禮，才能顯得莊重，亦受別人尊重。

言詞表達

說話思路清晰，有條理慢慢說，不要不經大腦，亦避免說錯說話。當別人說話時就不要插言，認真傾聽，再作出回應。如果口出狂言，就顯得十分粗魯。

外型

妝容和衣着能體現個人品味，穿著簡單合適的服裝，不用過於浮誇。我們不是來走秀，而是需要大方得體，讓人覺得順眼舒服便可。現時女生都喜歡化濃妝，**但其實淡淡的妝容，更能顯出你的輪廓及氣質，一切以簡為主，用口紅作點綴。**

禮儀

餐桌禮儀要有，不得張開嘴吃飯，保持禮儀。坐着的時候要避免駝背和托腮。這些行為讓人覺得你欠缺精力，亦不尊重。**練習好看的坐姿、站姿和走路姿勢，更顯你的氣質。**

5 多閱讀，培養氣質

閱讀能夠自我提升，改變你的氣場，透過你看過的文字，融入你的詞彙當中，說話時引用內容提升氣質。

6 律己以嚴，待人以寬

不要因為別人對你做錯事而指責他人，應該給予他們尊重，用客氣溫和的態度對待。

7 不要抱怨，惹是生非

當我們遇到不公的事，也不用黑着面，露出難看的表情。**換個思考方法就能解決問題，而不是處處惹事生非，只會惹人討厭。**

8 守時守信

氣質跟個人修養，有時是相輔相成的。工作上守時，答應的事就要做到，不放人鴿子，有自己的原則。

9 以真心待人，真誠最動人

做人誠懇不虛偽做假，不為個人利益而欺騙他人，不裝腔作勢。因為做人虛偽，對方也能看得出，不如努力做好自己份內的事，誠懇待人。

10 注重個人衛生

出門前洗個澡，不但讓自己提起精神，看上亦更精神飽滿。**隨身帶着紙巾及女性用品，注意個人形象，以備不時之需。**

2.2 擁有情商高的女生特質

有沒有發覺與高情商的人相處一定會更加融洽、舒服？

高情商的女生一定比較吃香，畢竟遇到感情問題她們會比你更會處理、會知道該說什麼、甚至乎做得更好。

別誤會高情商≠玩心計≠綠茶婊

「世事洞明皆學問，人情練達即文章。」出自清.曹雪芹《紅樓夢》第五回，意思就是如果一個人能夠洞明世事明白事理，就等於能夠充滿「學問」、善寫「文章」，即能在社會上行走江湖，八面玲瓏。**當今社會除了要有足夠智慧處事，也要在待人接物、人際關係上做到面面俱圓。**

會說話

在現今社會，人際交往頻繁，一個缺乏表達技巧和溝通能力的人，無論在什麼環境都難以得到別人的賞識，**所以我們要提高情商，懂得怎樣說話，提升口才。**

高情商就是你怎樣運用語言表達你的想法，語言是人與人溝通的工具，是一種表達自己的技巧，一個人會說話會討人喜歡，人際交往自然沒有阻礙；**反之，不會說話的人便會得罪人，禍從口出，四處樹敵。**

而一個懂得說話的女人，懂得在適當時候說適當的話，看準場合，亦能將同樣的話，以不同的說法向不同的人作出表達。

不慌不忙

身邊總會經常聽到「怎麼辦？」、「點算？」面對着高壓環境，她們都不會慌亂，都是以平常心對待，處事不驚。因為好清楚手忙腳亂是解決不到問題的，**面對問題應該要冷靜處理，思路清晰才不會決定錯的方向。**

面對羞辱，仍能處之泰然

許多人會因為別人的壞評價或羞辱，而感到憤怒悲傷，但這些情緒無補於事，只會令自己更心煩，作為一個高情商的女人，能夠控制自己的情緒和引導自己正確的價值，不被外界影響。

說真的要喜歡你的人就喜歡，不喜歡的你做什麼他都不會喜歡你，所以自己屈在心也無補於事，不如正面地思考，做好自己，**別太在意無關痛癢的人和事。**

不鬧情緒

有些女生動不動就鬧情緒，覺得愛情對自己來說不可捉摸繼而讓對方造成無限量的壓力，**其實往往就是安全感的問題。**

當你自身缺乏自信，經常情緒勒索來取得對方注意，不但你辛苦，對方也會覺得這段關係經營得很累，因此別要向對方吵吵鬧鬧，對另一半造成無形的壓力。

言者三戒

當我們控制不到情緒說話就會變得難聽，
「說你錯，你還不承認！」、
「你去死吧，死了也沒有人會替你哭！」
這些雙重否定句、甚至是三重或五重否定的說話百害而無一利。

每個人都需要被尊重和認同，這些言談中否定對方，只會令聽者覺得難堪、生氣，甚至有言語上肢體上的衝突。因此我們說話應該**「大話小說」、「重話輕說」、「狠話柔說」**，不是用自身情緒去表達我們的說話，而是要讓對方聽得出你的說話。

用對方聽懂的語言去溝通

能夠用他人語言溝通令對方清楚明白你的想法，這不是假裝變成另一個人，而是用**對方能理解的方式做真正的你，這個做法需要你培養一種同理心，**同理心是需要敏感察覺聽眾的感受和個性。透過聆聽和觀察，熟悉對方真正的語言，透過這些資訊在修改自己的語言去適應對方。

2.3 7種令你快樂的小習慣

什麼是快樂？

有哈佛大學的研究結論所得快樂其實是一種選擇，我們生活在同一個地方，望着同一片天，面對著同樣的麻煩事，你會怎樣面對呢？

有人會保持着快樂的心態，等待情緒穩定後便解決問題；有些人面對困難則會悲觀失望，帶着各種負面情緒，自己亂了自己的方向。其實很多時，上天都已經把最好的安排，**既然我們每天面對的人和事都已經定下來，那我們是不是應該抱着更好的心態去面對呢？**

快樂是一種心態，有些人經常抱着樂觀的心態，時常以笑容面對一切挫折，即使困難重重仍咬緊牙關，迎接挑戰。快樂也是一種情緒的反應，遇見喜歡的人，你會臉掛笑容；慶祝朋友生日，一起聚餐，也是快樂的一種。

有時候某些不如意的事情我們控制不到，而感到不愉快，**但當我們換個角度看待同樣的事情，你會發現事實不像你想像中那麼討厭。**

就好比你在公路上駕車的時候，有人在你面前插隊，這刻趕上班的你，可能滿心煩擾，滿口都是髒話。但當你改變一下思維，如果司機是因為載着快要生小孩的媽媽，你會馬上寬恕他，亦希望他能夠趕快到醫院，令孕婦和嬰兒平安無事。

其實每一個人活在世界上，都有他們面對的事，**有時易地而處，將心比己，**你便會發現每個人都沒有錯，只是你在你的角度看他，他也沒有在你的世界上，思想和行為暫時不一致，而發現大家的做法有出入，有所誤會。但只要凡事向好的方面想，一切也能逆來順受的。

隨遇而安，逆來順受
快樂來自於以感激的心情，去接受眼前的生活，無論是逆境或順境，坦然處之。

其實很多生活小習慣也能日復日帶給你小快樂。

1. 回憶過去，累積快樂

現今每個人都是攝影師，手上有部手機便可以隨處拍攝。 有時拍下跟家人的相處，有時拍下美味的午餐，有時拍下寶貝的笑臉，這些生活點滴，都值得用相片記錄下來。人的記憶是不可靠，今天過得快樂，昨天也能忘記。**所以拍下一些美好的回憶，沒事時翻看一下曾經的美好，也是賞心悅目的事。**

2. 接觸陽光

很多時候女生都怕接觸太多陽光，怕曬黑、怕UV對皮膚的傷害，但事實我們享受著陽光時，**會釋放出一種荷爾蒙melatonin讓你的腦袋放鬆，還會釋放出荷爾蒙serotonin　讓你感到精神奕奕，**整個人都快樂起來。 因此趁着暑假應該多外出，接觸陽光，跟朋友一起遊船河，只要做好防曬，**出去玩一定比你在家悶悶不樂的開心。**

3. 寫下自己的人生計劃

清晰自己的人生計劃，有什麼事你這一生一定要做？有什麼人你這生想遇到？當我們沒有夢想就好比條鹹魚，每天百無聊賴，工作不知道為了什麼，在社會上浮浮沉沉，沒有動力做事。**但當我們清晰自己的目標，一步一步邁進，整個人都會更朝氣勃勃，做事有幹勁。**

怎樣規劃你的人生？
快動起筆來寫下你的目標！

九宮格自律計劃表

把時間分成8個格子

明確自己的目標，和需要花的時間，才能收穫他們掌控他們！

事業	健康	家庭
理財	我的目標	人脈
學習	心理	休閒

製作方法：

1. 畫一個九宮格
2. 在九宮格最中間那格寫上「我的目標」
3. 八個格子，每個格子代表你現階段的一個方向

   你的目標是什麼，你就寫什麼

   eg：事業、健康、家庭、理財、人脈、學習、心理、休閒
4. 強制性地要求自己在每個格子內至少寫一件事情
5. 堅持完成格子裡的事情

4. 學習一種新技能

畫畫、烹飪、彈琴、跳舞或書寫，無論你想學什麼都好，請你去嘗試，當你享受當中的樂趣，你會發現得到的不只是課堂上學到的新技能，而是一種新體驗，開發自己，更加認識自己。

There is something magical about being a "newbie", because with every experience there is something to be gained.

5. 找一間很想去的餐廳，吃一個豐富的晚餐

美味的食物除了可以豐富味蕾，也能帶給我們滿足感。享受餐廳當下的環境，侍應彬彬有禮的服務，跟朋友或伴侶一起用餐，盡訴心事。**偶爾滿足一下自己的胃，比你購物的快樂來得更直接。**

6. 擁抱你的負面情緒

很多人都不敢勇於面對自己的負面情緒，覺得焦慮、悲傷等感覺不好受，選擇逃避，有時會借酒消愁，有時會「忙」卻自我。但事實上人應該接納自己正面和負面情緒，才是身心健全。記得在正向心理學課堂上學過，**我們要學識面對自己的內心感受，改變自己對於壞情緒的認知，與其排斥還不如勇敢接受，與它和平共處。**

7. 正向的人際關係

你認為一個人比較快樂還是兩人或一群人比較快樂？你對上一次覺得開心愉快的事，是一個人還是一班人呢？學者蓋博(Gable　2004)的一項研究發現，當受訪者回憶一週內的快樂事件，超過五成是來自社交生活，例如與家人、朋友或伴侶在一起。更有研究指出，**家人與友誼是使人快樂的重要元素。**

我們生活在社會中會遇到不同的人際關係和社交圈子，與人交流是必然的事。那我們應該怎樣與人互動才能追求到正向的人際關係，做到幸福快樂人生？

心理學學者克里夫頓 (Donald O. Clifton) 提出了一個水桶與杓子的理論，他比喻每個人都有一個無形的水桶，當水桶盛滿水時，心情便會愉快。相反，當水桶被掏空時，我們便會陷入負面情緒，變得沒精打采，猶如跌入谷底。

而每個人也手持一個無形的杓子，在每次與別人交流時，我們都可以為別人的水桶加水或舀水。**假如我們說的是鼓勵和讚美的說話，留意對方的優點和值得欣賞的地方，便為他的水桶加上。**

反之，批評、標籤化、斷定等等都是從他的水桶上舀水。

舉一個簡單的例子，「你真是豬咁蠢！」就是屬於標籤化的批評，社會上不乏這些批評，尤其在網絡上的鍵盤手，多發放負面的言論，在別人的水桶舀水。

因此我們要改變社會風氣先改變自己，重視每次與人溝通交流，為別人加水，因為人際的互動會對他人的情緒和行為構成影響。

2.4 女生比男生更需要投資自己的3大要素

作為女性，想要不斷提升、實現自我、甚至改變命運，靠的不是別人，而是自己。

我們常說最好的投資，就是投資自己，你認同嗎？

因為只有對自身的投資，才是穩賺不賠、能不斷增值的；也只有自身強大了；才可抵禦人生的高低起伏。

1. 投資健康

柏拉圖說：「人生有三大財富，第三財富是財產，第二財富是美麗，第一財富是健康。」

相比其它東西來說，健康永遠是人生的第一位，沒有健康你所有的財富都是虛的，健康就是你的財富。要擁有健康的身體離不開注重飲食、運動、休息和心態上健康。

認真鍛鍊

現今一代對於身型管理都十分有要求，**不只要求「瘦」，而且要看上去形象健康，**「馬甲線」、「11字肌」都是時下年青人追求的身形，要塑造身形必須要認真練習、鍛鍊。我喜歡做運動，不論是舞蹈、瑜伽或者跑步都是我日常喜歡做的。**運動不但令到我提起勁，更有動力做事，而且能夠塑造我的身形和線條。**

這些年社會風氣都注重健康，瑜伽、gym等都越來越盛行，我亦因為這樣接觸到瑜伽。起初對於瑜伽的認識很表面，跟著老師做動作，配合呼吸伸展身體。到後來慢慢多作嘗試後，發現它**能讓我們和身體溝通，感受自己，讓我們從煩擾的生活中平靜下來。**

我參加的瑜伽班當中有不少上班的女性，**放工後仍堅持做瑜伽，為的就是釋放壓力，調整身心，潔淨身體，同時間，亦可以塑造線條，塑造更美好的自己。**

瑜伽亦有很多種，有在地面的、空中的等等，亦能從中感受各種瑜伽的樂趣，做出優雅的動作，提升自我形象。

舞蹈也是能讓我快樂的一種運動，由細到大都喜歡郁動的我，十分享受跟着節拍動起身來，**跳得忘我時，一切都變得輕鬆，**所有的問題都迎刃而解。跳舞亦是我和朋友歡聚的好時刻，說話不用多，一起跳舞、排舞，安多芬也跑了出來，每次跳完舞我都會特別的開心、興奮，整個人都雀躍起來。

跑步對身體的好處更不用說，我很享受長跑，跑得不用快，但要堅持到最後。很多時候我們都在意自己跑得比人快或慢，但實際上**跑得快又如何，這一秒可能跑得比人快，但時間長了，你還在堅持嗎？**

跑步有時候都是一種鍛鍊意志的方法，有人會中途放棄以快步代替，有人會用盡自己力量去跑但堅持不到十分鐘，曾經有朋友說要跑步，她們都不能相信自己能夠跑到幾公里，但其實只是她們的心魔，還未試過又怎會知道做不到呢？

CHAMP
24 FITNESS

我跟她們說：「來！跟我一起跑，你一定會做到！」我帶着她們的手，一邊跑，一邊要她們堅持，要她們相信自己會做到。當她們想放棄的時候，便拉她們一把，告訴她們想開始的原因，不要讓她們停下，要讓她們知道長跑一旦停下就需要更大的力量才能繼續跑。

就好比人生，**當你定下了目標後便一直向目標奔跑，中途就算遇上無盡的困難也不要放棄，切記不要停下來，一旦停下來就需要更大的勇氣開始**。所以要做到最省力而又達到目的，就是不要停下來，讓自己一直衝，把難關一一跨過，直至去到終點為止。

而我則是樂在其中，一邊跑一邊欣賞周圍的風景，跑了跑就發現自己走得很遠。不要只顧著跑步是為了減肥或是塑造身形，**它是一種運動讓你享受肌肉運用，讓你頭腦更加清醒，思考及反省一天的過去**。一邊跑步一邊思考人生亦是自得其樂。

規律作息

作息定時從來都重要，一個有規律的人生對自己身心有莫大的幫助。時下年青人作息混亂，甚至日夜顛倒，這會對我們的健康造成傷害。要改變作息，先要戒掉壞習慣，建立良好的作息，早睡早起，給予身體足夠的休息。

健康飲食

以往在飲食方面我比較少吃澱粉質類的食物，就像其他一般女生一樣認為澱粉質類的食物容易引致肥胖，**整個人也很容易水腫。**

以前的我還試過盛行的生酮飲食，完全不會接觸澱粉質類的食物，但結果是什麼呢？身體有沒有健康了呢？

我認為有效果，但不算得上健康，**始終澱粉質是我們身體要吸取的東西，當我們長期缺乏，身體便會給予訊息，想我們吸收更多，更容易引致肥胖。**

是什麼時候讓我改變了飲食的習慣呢？

就是生下寶寶後，當時的陪月員就教導我如何在飲食方面養生。**那時的我才知道「飯氣」對身體的益處，特別是對於女生的五臟六腑運作十分重要。**

從那時起，我每天早上起床後都會吃由紅米或糙米製成的「五更飯」，「五更飯」中的一些纖維是有助於腸道蠕動，就像是通知我的身體現在要開始運作了。

而且當我早上吃過穀物類的食物後便有一種飽腹感，午餐便不需要吃太多，去到晚餐再吃正常的份量就能補充到我整天所需要的能量。

而這種飲食療法也能夠讓我健康地瘦身之餘，毫不吃力。

2. 投資臉龐

很多人也知道女性**在二十五歲之後，骨膠原就會逐漸流失，尤其在面部上特別明顯。**

關於補回骨膠原的方法，除了要有充足的睡眠和運動來增加身體的新陳代謝之外，我建議注重在食物方面來改善。**例如可以多吸收些花膠雞湯、雞蛋等的食物，以補充骨膠原。**

除此之外，我閒時會到美容院進行療程，**使用些具提拉功能的美容儀器，以助增生骨膠原、防衰老及緊致肌膚。**別要讓自己逐漸出現細紋，要保持年輕、青春的一面。

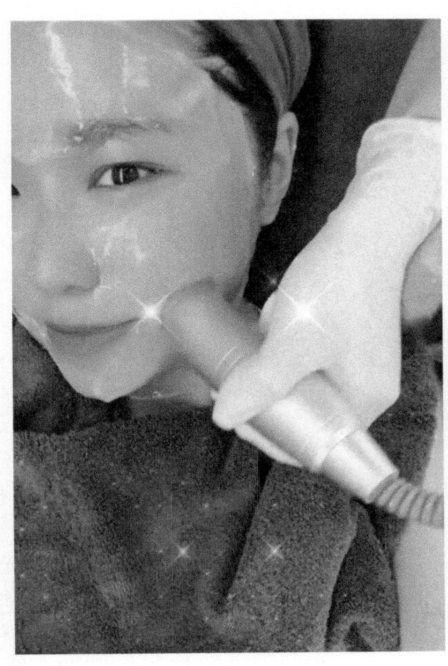

此外，我對於自己頭髮的護理也很講究。相信大家都知道，女性在產後便容易出現脫髮問題。於是，我到了一些獲中醫註冊認可的美容院參加生髮療程。**我認為頭髮對於女性而言頗為重要，代表著女性的吸引力。頭髮濃密度、頭髮健康都是影響外在吸引力的其中一個因素。**對於自身外表，我是十分注重的。因此，能擁有一把保養得宜的頭髮也是一種學問。

還記得在坐月期間，陪月員曾叮嚀我切勿洗頭髮，避免「入風」。**但其實不洗頭髮會對頭皮造成傷害，污垢會因而積聚在毛囊，令頭髮不能健康生長。**我以往都誤以為這是正確的做法，後來發覺這是一個謬誤。除了會令髮質變差，更會減少髮量，而產生脫髮問題。因此，**我建議應每日清洗頭髮和頭皮，做好頭皮健康護理。**例如進行深層清潔、詢問中醫師意見後飲用中藥或湯藥來調理，以增加頭髮生長速度。使用了以上保養方法後，現在我已經生出了不少「胎毛」頭髮，更擁有一頭濃密頭髮，髮質亦越來越好。

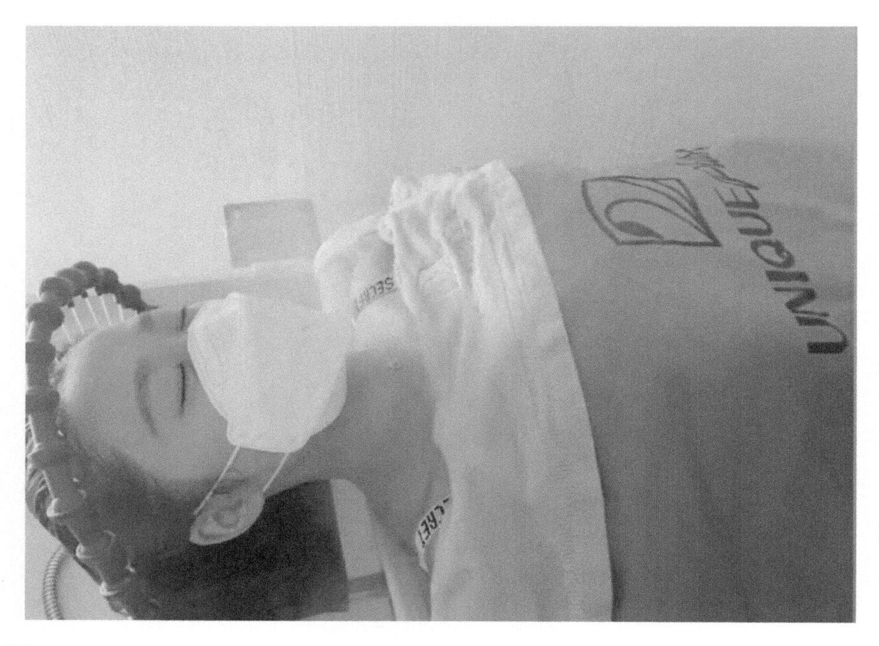

至於皮膚當然也是要投資，它是我們身體上最大的器官，我們更應該注重保養。每個人的膚質都不同，所以一定要找到最適合你的產品而不是最貴的產品。

外出的時候塗上防曬產品之餘，也用雨傘遮擋太陽，防止加速皮膚的老化同時也防止出現雀斑。**因為隨着年齡的增長，便會越容易出現雀斑的問題。**相信沒有人希望身上有雀斑的痕跡，所以都會做一些預防的工作，例如塗上PA+++50的防曬產品、戴上太陽眼鏡，**利用物理的方法防止紫外線對皮膚造成老化問題。**

除了臉上的肌膚重要，身體每一寸肌膚都要悉心看待，而我在大概八至十年前做脫毛療程的時候已經開始用**Cetaphil的護膚產品**，是由一位治療師介紹我用的。自從我用了這個護膚產品後，皮膚素質開始變得越來越好，而且**沒有一些毛孔閉塞或皮膚紅腫的問題，亦沒有濕疹等問題。**

正如上面所說，皮膚的護理不一定需要使用一些較昂貴的產品，只需要用一些適合自己皮膚的產品，並且不會出現副作用。再者，應該注重於自己的生活習慣，例如多做運動加速身體的新陳代謝、多吃一點健康的食物，少吃甜食。**糖也是其中一種需要戒掉的調味料。因為糖除了容易引致肥胖之餘，也會造成皮膚的問題，容易加速皮膚老化。**

3. 投資形象

你有沒有發現有實力的女人更注重打扮？請不要低估一個穿衣好看的女人，她們從體態到膚色，從飲食到運動，都散發著自律和堅持的迷人味道。

我們穿得不用華麗但要穿著乾淨得體，讓自己更加從容自信，事情也會比預期更加順利。對穿著越是用心的人，工作表現也越好。

所以要投資自己的形象，對美的執著、對生活的熱愛、對自己的信仰，透過衣著打扮反映在身上。穿衣講究的女人，從外表看，是身材、膚質、儀態的全方位表現；從內在看，是自省、自知、自信的立體化昇華。

2.5

什麼好習慣對自己身材管理有幫助？

無論是女生還是男生，為了維持好身材，提高自己的魅力，都會對自己進行一系列的身材管理，那麼有什麼好方法可以使我們在日常生活中輕鬆地做到這個要求呢？

1. 注意飲食

平常的飲食習慣，我都以清淡為主。早餐的話，我很少吃西式全日早餐或茶餐廳的常餐，反而會吃紅米飯或糙米飯，有時候更會加入堅果類食物或杞子圓肉作調味，再配湯水或者我最愛的紅棗茶，補氣血。平時的飲食，例如蓮藕、粟米、蘿蔔又或是豆腐或魚類等食物，都是我個人很喜歡的，特別是魚類這些會令骨膠原增生的食物，能有效改善地皮膚膚質，大家不妨多吃。

很多人會問道:「外出食飯怎樣吃得健康?」

在保險行業工作,少不免會出外聚餐。**我都會避免選擇牛扒或薯條等煎炸烤類食物,改為揀選意粉、焗薯等原型食物,減少吃油炸食物**,因為外出餐廳的食用油質素都比較參差,盡量要避免吃到不乾淨的油。

在晚餐方面,我會如常的吃米飯為主,吃多一點蔬菜或豆類製品,少一點紅肉。**最重要的是湯水**,功效多多,只要搭配不同食材,使有不同養生作用,強健體格,同時有種窩心的感覺。

那要身材管理是不是就不能吃宵夜呢?

宵夜方面,有時我都會放縱一下。因為當你逼得自己太緊時,身體會進行反抗,令你無時無刻更想進食。相反地,**如果你沒有刻意抑壓自己,允許自己適當進食,反而會減低身體產生的食慾。**

以我個人經驗來說，**我曾經試過因減少攝取澱粉而抑壓自己的飯量，反而會更想吃零食或一些高糖份的食物，**例如朱古力、薯片等，形成反效果。因此，我們不要刻意克制自己的飲食，反而有時想吃什麼就吃什麼，這樣就能更有效地保持身形，避免暴飲暴食的情況。

日常瘦身好習慣

1. 放慢吃飯速度

細嚼慢嚥可以幫助食物消化吸收更充分，避免過量飲食。

2. 三餐定時

以便於我們的消化系統形成記憶，幫助我們控制身體飢飽的開關。

3. 拒絕高脂高糖食品

特別是甜點、蛋糕這種超高糖食品。

4. 吃飯要專注

分心會干擾腸胃工作，阻礙消化系統吸收，在不知不覺中會吃得更多。

5. 睡前不要吃東西

睡前三個小時最好不吃東西，以喝水代替。如果受不了，建議少量攝取低熱量食物，例如焓蛋、蘋果等等。

6. 吃飯七分飽

適度克制，才能保持好身材。

2. 身子調理

我建議女生盡量減少進食太多生冷食物或飲太多凍飲，例如雪糕、刺生、凍水等等，。如果想好好養生的話，首先便要由戒凍飲開始，可以代替的飲品有很多種。

我透過陪月員介紹後，學會了製作紅棗茶。它的製作成份包括黨參、北芪、紅棗、圓玉等等。每天早上我會煲一壺來喝，除了能夠補血益氣之外，還有防脫髮、暖宮養顏等功效。因為這是一種溫補的食品，所以絕大部份女生都適合食用。除了以上的功用之外，還能夠減輕經期所造成的痛楚，去寒暖身。

不單止紅棗茶，蟲草茶也是種溫補的健康食品，不論是膠囊型的蟲草還是原條蟲草都做到同樣效果。膠囊型的蟲草我會在早晚各吃兩粒，作為日常補充品。而蟲草我則會在早上泡暖水來喝並把它整條食用。因為蟲草都是屬於比較溫補的食物，所以在食用後能夠讓人感到精神奕奕，而且能有效改善鼻敏感，舒緩有關的症狀。

3. 塑造線條

為什麼有些女生一直減重，身形卻沒有改善？

那就要檢視一下想塑造身形的方法，很多女生都已經減少進食或者體重已經下降不少，但仍有下身肥胖或者腫脹的煩惱。

這種情況不是在他們飲食上的方法錯誤，而是她們平常沒有拉筋的習慣。
伸展身體、拉筋有助舒緩肌肉、美化身體線條及、減壓。

當你在運動前後沒有拉筋動作，身體的線條不會有太大的改善。之前我都有觀看過YouTuber-Coffee的影片，她曾提及過自己以前也是俗稱「蘿蔔腳」的腿型，但現在**腿部線條已經變得修長，秘訣就是拉筋。**

這舉動能令肌肉拉長、調整身型比例，就能解決上瘦下胖的問題。至於拉筋方法，只要在睡前或醒後，在網上搜尋拉筋，就會有許多不同的影片教導你動作，以伸展身體肌肉。

起步階段，你可以先嘗試一些初階程度的影片，了解自己身體，感受一下肌肉的運用，然後逐漸增加難度。**只要堅持不懈，假以時日，手腳和身型必定會產生良好的變化。**

4. 改變壞習慣

除此之外，女生亦應盡量減少坐下，因為女性盤骨位置比較容易變大。如果想收緊盤骨位置，**除了多做深蹲運動，平日可以多走斜路和樓梯，避免經常使用升降機或電梯**。這些日常生活上的小習慣，可以幫助你無形中改善自己的身型。

日常生活中走路的姿勢要注意，別被錯誤姿勢影響自己的身型，例如不少人走路都會寒背。但**其實正確的走路姿勢應該是挺直腰背、挺胸收腹的，不但可以改善身型，更能增強自身的氣場、氣勢**。當你每日都以挺胸收腹的姿勢走路，腹部自然會不易產生贅肉。

另外，許多朋友都曾經問過我，產後有否紮肚，我的答案是沒有的。為什麼不紮肚呢？我覺得是按個人需要，有些人會有內臟移位的問題，而我亦為此詢問過醫生的意見，他都認為沒有這個需要。**但我相信紮肚也有它的好處，能加快復原能力，達到理想的瘦身效果**。

那如何可以在不紮肚的情況下保持腹部緊緻？

我會選擇在平常生活中不給予機會令自己腹部肌肉放鬆。因為經常放鬆腹部，會容易導致肌肉鬆弛。其實坐姿正確、步姿正確和收緊腹部的運動會比束腹帶更有效地改善問題，束腹帶只是利用外在壓力，但不能增強內部的肌肉，對長遠來說沒有很大幫助。因此，收緊腹部的運動更能改善腹部線條。

跟著腹式呼吸，11字肌肉，馬甲線全都有

正確的健身加上腹式呼吸，不但燃脂還收緊了核心肌肉群

練習一

STEP 1: 腹式呼吸：鼻吸口呼，呼氣發長「shi」音

STEP 2: 吸一大口氣把胸腔填滿，吐氣發長「shi」音，保持腹部不掉內收 30%

STEP 3: 吸氣，吐氣發長「shi」音，腹部持續內收60%，肚子不掉

STEP 4: 吸氣，吐氣發「shi」音，持續內收到100%

STEP 5: 屏息，數3聲，3、2、1

練習二 在保持動作時的練習方法：快速發「shi」音，持續性收縮腹部，然後吐氣發長「shi」音，肚子不掉，屏息3、2、1

兩個練習方式配上腹式呼吸，體脂率慢慢下降了。

2.6 女生要獨立理財的5大原因

女生靠自己也能活得自在，不要再想著男朋友能買給我什麼，嫁一個有經濟能力的人而放棄愛情，倒不如想一想怎樣成為一個經濟獨立的女生，**可以選你的愛情也能成為自己的麵包。**

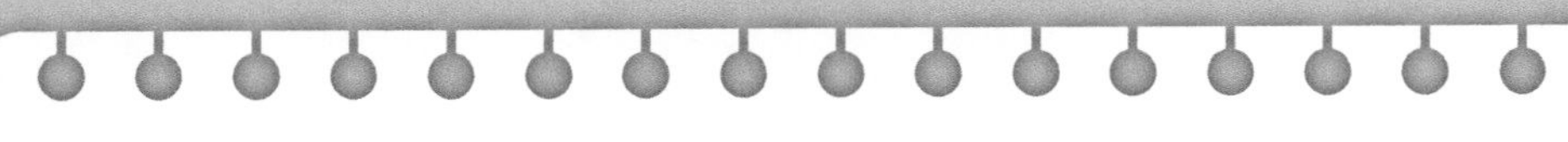

1 獨立經濟

一些女生會以為嫁一個有錢人，便能想什麼，有什麼。**而事實上，如果只有這個物質的心態，你不會有掌錢權、不會有成就，亦不能嫁入豪門**。只有會理財的女人，另一半才會放心將管錢權交給你。**若果你是一個大花筒，缺乏理財觀念，再愛你的人也不能把錢交給你管**。所以作為女生一定要學會獨立理財，無需依賴任何人。

家庭主婦就不需要有「私己錢」嗎？

女性應該要有自己的「私己錢」，尤其家庭主婦，**不要一下子將自己所有都付出在他人、家庭身上**。不然，**當遇上情感問題、與家人發生爭執時就會失去預算，發現自己一無所有而徬徨失措**。再者，在現今時代都偏向有錢就有決定權，所謂「用錢解決到的問題就不是問題」，**女性自身要有充足的財富儲備才能有更多自主權，讓自己不遜於別人，不用看他人臉色**。

2 自主權利

在看到喜歡的、想要的東西時，理財獨立才能讓自己想買就買，不用與別人商量。亦不用依賴別人，在有金錢需要時亦能自己或僱人為自己解決問題。

人生是自己的，每個人都應該為自己負責任，自己為自己每一個決定、選擇負責任，過後再看也不至於一事無成，家人也是與生俱來，尤其為父母，他們給予你生命與照料，照顧他們也該是你的責任、計劃的一部分，女孩有獨立理財，才能在父母有需要、晚年時照顧、供養他們。

3 安全感

財政儲備也能為自己帶來一部分的安全感，**儘管有意外、突發事件時都有一筆錢應急。**

4 自信心

某程度上，**自信心也能來自金錢，不論是置扮還是底氣**，自己知道自己儘管有意外發生都不至於一無所有，能有儲備應急，外表上；自給自足的置裝費令人更有自信。

5 個人魅力

最後，**獨立理財增加自己的魅力**，因為給了自己底氣，更有自信，尤其是面對相同價值觀的人。

那麼為什麼女性都不願為自己投資理財呢？這是以下三類最典型的女生反對的聲音。

第一類型女生：

我是一個女生，我自己賺錢不管賺多賺少，也是「賺錢買花戴」，我愛怎麼花就怎麼花，也不用對任何人負責。而且家裡有車有樓，**父母不用我養，也有足夠財富，不需要考慮投資理財。**

第二類型女生：

我能捱苦，什麼工作也能幹，亦有賺錢能力，把賺到的錢賺在銀行最穩陣，**學投資也是浪費時間，風險大、時間長，也可能受騙馬騙。**

第三種類型女生：

理財好麻煩，又要學會計數又要做對比，熟悉金融市場，要一一學會真的太累了，我不如花時間去購物、扮靚。

對於以上三類女生你有什麼看法呢？

她們的想法都沒有錯的，但是事實是：

第一，錢永遠不嫌多，能賺更多的錢一定比少賺好；

第二，用錢滾錢肯定比光用勞動力賺錢好；

第三，其實投資理財沒那麼複雜，只要找到門道，一樣可以輕鬆上手，一點都不影響你購物消遣。

怎麼樣開始呢？

每個人都會生老病死，老了之後也會減少很多收入來源，退休金也不能維持優質的退休生活水平，所以女性年輕的時候就要開始做理財準備。越早開始儲蓄，越早開始理財，**越早開始投資，你的基礎就會變好，而且能夠未雨綢繆。**

我們不需要給自己太大壓力，**要從避免「月光族」做起，首先要先存錢後花錢。**

現時的月光族越來越多，尤其是剛畢業的很多年輕女生更是月光得厲害，**甚至出現了負債的現象，嚴重缺乏理財觀念。**

所以避免月光先從記賬開始，可以先從儲蓄，**把每個月工資的三分之一、五分之一拿出來用於理財，學會做消費預算，學會做理財規劃，**比如戒掉每天買$30的咖啡的錢，總之女性對自己的財富要打破以前的現狀，讓自己每個月有錢存下來，跟著你就可以開始自己的理財長跑啦！

每位女性理好財，就是對自己最好的禮物，女性開始提升自我吧！

CHAPTER 3
二次創業 保險

3.1 保險業的黃金時代

保險作為一個銷售行業來說是十分多元化，先是一行無形的產業，為**生老病死作準備、規劃未來的**。

它是**對人的行業(people business)**，銷售過程中能夠訓練我們待人接物、溝通、抗逆能力，透過不斷接觸其他人或者開拓一些客源，訓練自己的意志力和情商的能力。

另外這一行是有利於民生的行業，幫別人計劃理財、保障，甚至是退休策劃，都是一些很美好的事。**幫別人理財便是錦上添花，幫別人做醫療危疾便是雪中送炭**。

再者香港政府這些年推出很多扣稅的政策，保險業首當其衝，市民可以**透過醫療退休保險取得退稅的優惠**，反映到上面所說有利於民生，亦能紓緩公營醫療系統的癱瘓以及有人手短缺的問題，所以對保險代理人或者保險經紀來說，能夠推動社會向前和令到社會更加美好。

保險這個行業的好處是有一個很清晰的指導方針(guideline)和完善的進升階梯,當你完成某一個事情後便可以得到相應的收入或職位,比較黑白分明的,只要**達到對應的標準就能獲得相應的回報,簡單點來說就是「有能者居之」**。

然而為什麼有這麼多的人害怕加入保險這個行業,是因為他們都認為這個行業有很多不確定性的因素,例如收入不穩定。但是這些不確定性的因素可能只會維持兩年或者三年,只要能堅持過去這兩年或者三年的時間便能換來一個**長遠的確定性**。在首兩年或者三年的不確定性因素中,其實保險業裏的團隊能夠讓你們的不確定性變為確定性,不穩定變為穩定,因為當中有很多不同尋找客戶的方法。**每一個客人都是你的資產,他們能夠為你帶來被動的現金流。而第二個財富的管道就是團隊,你的團隊同時亦都是你的資產**,每一個加入到你團隊的合作夥伴,只要他們能夠複製到你工作的做法或系統,你作為他們的團隊負責人也能夠增加團隊的收入,就像是一個連鎖的經營公司。例如7-11,不論是十間還是二十間,只要每天都有在工作就總會有一些地區的7-11人流是比較旺盛,這就是累積資產的過程,因為**它們都會為你帶來更多的被動現金流,同時這亦稱為睡後收入(sleeping income)**。

所以保險這個行業是由你入行尋找客戶或尋找工作夥伴的那一刹那開始,其實這就是錢滾錢的動作。而這個行業與其他行業的不同之處,例如是醫生或者律師,倘若你沒有做這一場手術或為某一個客人辯護便會沒有收入。即使你是年薪過千萬一年醫生,你是否就能夠不為病人進行診斷或治療而有收入?事實是不可能的,因為醫生就是需要靠雙手來維持收入。然而保險這個行業是只要你累積到某一個年資，即使你是在做其他與保險無關的事情，你的團隊和客人依然能夠為你帶來被動收入，同時亦能夠令你感受到工作與生活達到平衡（work-life balance）的效果。

起初可能是多勞少得，因為剛踏入這個行業時需要學習的事非常多，同時要適應保險行業的工作模式和規則，而這個過程需要維持的時間長短就視乎你的團隊能夠給予你多少的支持以及自己的悟性有多高；當你度過第一個層次後，**接着便是多勞多得**，令你自己有一個穩定收入；**然後就是少勞多得**，即使有一些人去到一定的年資後可以達到財務自由，但他們仍然選擇在這個行業發展，是因為他們熱愛和能夠看見這個行業的所在價值。正因為在這個行業的年資長，所以他們希望能夠繼續發揮這個行業它自身的價值。

Asana Ting
1st Quarter of
2021
CERTIFICATE OF EXCELLENCE
THIS CERTIFICATE IS GIVEN TO
Asana Ting
FOR COMPLETING STAR ROAD PROGRAMME
ALLSTAR
BILLY NG
DISTRICT DIRECTOR
Asana Ting
HEALTHIER, LONGER, BETTER LIVES
Unit-Linked Business
AIA International Limited
Justgold

3.2 走平路還是上高速 平台的重要性

加入對的團隊就好比上對的馬，馬上成功

入行前的我對於保險行業並沒有深入的了解，所以並沒有選團隊的概念。但事實上選團隊是否這麼重要呢？如果一個團隊沒有跟你同一個宗旨，你會唔會願意配合呢？

就例如有不少行內同事都以**傳統的方法找生意**，他們團隊會教打cold call、派傳單、租鋪宣傳等方法，**而這些方法我是不會覺得吸引，我不覺得這方面是我想做的事。**

是什麼觸發我加入保險行業？有一次我在Instagram上因為看到一條影片，這條影片就是我的小學同學**以網絡營銷的方法在網上宣傳**。我對於這一個新的營銷方法十分感興趣，就因為這樣我加入ALLSTAR這個團隊。

團隊十分支持我們這些年輕人，更提供不少資源來幫助我們了解如何快速有效地達至成功。**尤其在這個速食文化盛行的社會，沒有團隊的支持，會較難在這行業長遠發展和立足。**

團隊會提供不同課程、訓練，例如四大學院、企業方案、退休儲蓄機構、投資理財機構及醫療保障機構等，幫助我們在每一個範疇上達至專業。

在與客戶見面時，事前會有不少資深經理為我們準備專業對話、進行練習，事後亦會與我們進行匯報會，來讓我們清楚了解自己的不足之處，在下次會談如何能有所進步。

除了訓練上的支援，團隊更會在招聘人手、資源上提供支援，例如會有自身團隊專屬的俱樂部，當中會提供不少的娛樂設施。其中包括卡拉OK影音設備、桌球、麻雀設備、桌遊和撲克等等。

因此，我們能在那裏進行團體建立活動、舉辦活動或與客户見面。**有賴這些資源支持，令我們比其他團隊更快速地達至成功。**

另外，ALLSTAR團隊設有一些自身的會員福利，例如提供五星級酒店的私人會所或賽馬會的私人會所這些地方與客户面談等。**當我們需要與一些尊貴客戶或重要人物會面時，團隊都提供許多協助，同事甚至會親身到場協助我們業務。**

3.3 5G 年代: 網上理財的營銷攻略

5G年代的網絡營銷係點做

通訊科技踏入5G年代，不少行業都瞄準更快速高效的網絡會如何改變生產運作，尤其是疫情期間更能體驗得到。

疫情期間我們大部份時間都留在家，上班的Work from Home，上學的zoom class上課，要購物買餸到哪裏？

只需一個app就能把需要的貨物送到家裏，淘寶店應有盡有，大家已經慣常網購，營業額有多厲害？**天貓雙11的一天總交易已達5,403億元人民幣**。而這一天的生意額比起廣東道一年的交易還多，可想而之網上購物力有多大。再者，網上美食外賣送餐服務就已因社會趨向數碼化和城市化，foodpanda、Deliveroo等外賣程式也繼而崛起，**用戶人數已接近300萬**。

馬雲也曾經說過將來我們**不再受時間和地域的限制**，企業更沒有總部，**因為CEO在那裏，那裏就是總部**。我們生活隨時隨地都能學習所想的、見想見的人，在世界各地都同樣能夠上班上學，自由地選擇自己喜歡的時間和地方。

而保險業也不例外，數碼及社交媒體推廣在行內已經有不少行家實行。相信數位行銷對你可能都不陌生，在Facebook、Instagram、YouTube等網上平台，只要你曾經有搜尋過關於**保險、理財、移民、家族辦公室、信託、基金等等**，相信你的Facebook、Google都會不時讓你看到保險理財資訊的廣告。

很多人認為**Facebook有偷聽功能，事實是真的**，這些科技巨頭公司，透過5G科技及AI，分析你的個人化數據後，發放一些你們感興趣的資訊，**目的是讓你在平台上瀏覽的時間更長**。因此他們的科技，亦能**幫到我們尋找真正的客戶，把廣告投放在鎖定的客戶群**。

以往我們做銷售，都是以**漁翁撒網的方式**，十個客，有三個約會面，一個會簽單，**用大數據定律，浪費了不少人力物力**。

但透過科技的進步，我們不再像以往**浪費人力物力在不感興趣的路人甲乙丙**。精準尋找我們的客戶群，增加我們成功的機會率，亦能擴大我們的客戶群。

我們花費$500在廣告上，所接觸的客戶人數可以多達過千的，而這些人數也能透過廣告設定，篩選你不感興趣的客戶，避免浪費所花費的廣告費。

透過這些一系列的網絡銷售，建立自己的客戶群，亦能透過這些客戶群，得到更多潛在客戶。

至於怎樣才能建立有效的廣告？

以下有八個廣告技巧，讓你更有效及精準地，設定你的 Facebook 廣告受眾，研究數據繼而定立有效的廣告。

技巧一：社交媒體管理

不同平台，例如Facebook vs 小紅書，當中的內容都要切合他們**媒體的文化、粉絲喜好、內容特色**。

例如**小紅書**以用戶第一身分享自己的用後感，我們不時會見到餐廳推薦、愛馬仕配貨策略、育兒經驗分享、產後瘦身視頻等等。這些資訊都是**用家親身經歷的分享**，因此要在這個平台發佈理財產品，應該以用家身份形式，例如怎樣為新生嬰兒配置保險？便能吸引一班新生父母諮詢關於小孩子保險的問題。

技巧二：內容創作

廣告內容的影片、文案等，能否吸引讀者的興趣，**說出他們的痛點**。

在內容創作上我們必須謹慎，把痛點說出來，抓着客戶的痛點，**因為網絡資訊氾濫，要客戶停留在你的廣告，必須跟他的切身問題相關，引起他的注意**⚠如果你的目標是保險agent，可以投放一些「客源問題」、「人才缺失」等等字眼，吸引他們的眼球、引起他們的興趣。

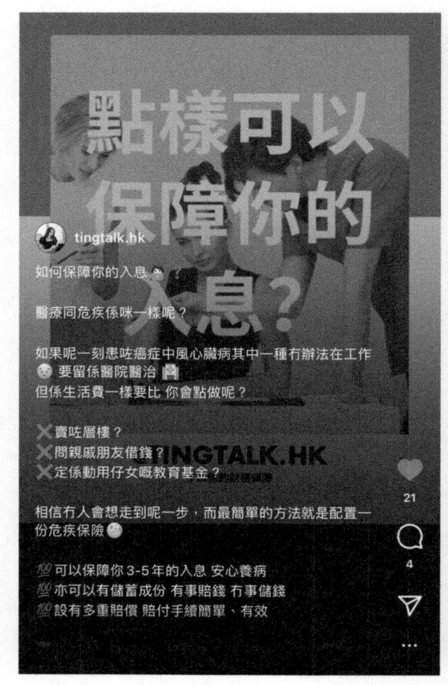

技巧三：內容發佈及執行

時間和日期的發佈、為內容策略設立目標、分析洞悉報告優化內容。

不少人都會在網絡營銷上半途而廢，**因為他們缺乏長遠的規劃，要成功有效地做到網絡營銷，必須長遠設定自己的目標**，包括短期、中期、長期。

短期可以短至**一星期**，例如一星期發佈多少內容、什麼時間發佈等等。中期即是每個月分析洞察報告，透過那些資訊分析客戶感興趣的廣告內容，以及**增加每月的熱門話題，提高流量**。長期目標當然是要建立一班客戶群，怎樣做到粉絲流量持續增加，一年內達到10,000粉絲等等。

作為銷售人員，你的身價就是有多少忠實粉絲跟蹤你，粉絲越多，反映你的身價越高。

技巧四：出帖量/影片量

每天都有更新內容，**保持活躍度**，增加流量。

例如在Instagram的互動，有沒有不時上載story？有沒有跟粉絲message，有沒有回覆別人的帖子？有沒有like 粉絲的story等等。

技巧五：廣告元素

廣告內容的設定，有沒有以下的元素？

對象感、新鮮感、可信度、迫切性，各種元素都有他們的參考價值，例如對象感，你的目標客戶群是退休人士，你的內容就針對他們而設，例如：50歲單身男士怎樣為自己退休作準備呢？

技巧六：留意廣告最新趨勢

在Google alert 訂閱設定你想留意的廣告內容

保險資訊日新月異，要**取得最新最快的資訊**，不得不靠Google幫忙，只要你設定你想要看的內容，例如「insurance」，當有新的資訊，Google 便會透過郵件通知你，讓你接收最新的資訊。

技巧七：詳細設定 — 人口統計資料 Demographics／行為 Behaviour

當要給特定的一群便可用**詳細設定套用**，例如保險內容是關於孩子的教育基金，便可以在人口流計資料 — 父母parent —「新手爸媽(0-12個月)/待產爸媽」。

技巧八：不要用「加強推廣帖子 Boost Post」用「廣告管理員 Ads Manager」

用廣告管理員可做到跟加強推廣帖子 Boost Post 的效果一模一樣，但加強了更精準受眾設定的優勢。

不要貪方面用你的電話加強帖子，應該打開你的電腦，善用廣告管理員，特選你的廣告要求，加入客戶的喜好，尋找更精準的客戶。

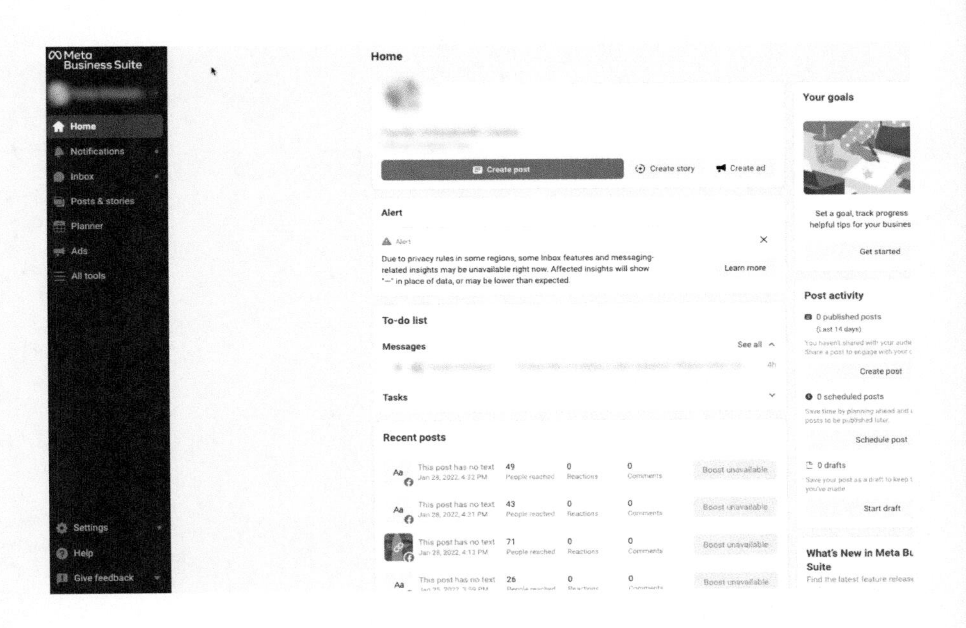

3.4 WKOL

Wealth x KOL= 財富KOL

(Wealth x KOL= 財富KOL)

馬雲說過你公司的價值不是PE(市盈率)而是粉絲數量

現時網紅經濟的崛起,各行各業都可以配合相對應的代言人,**發揮網紅在其領域的號召力、影響力和相當的公信力,將人氣轉化為買氣,把粉絲轉換為消費者並增加收入**,2021年收入最高的KOL達到1.3億,而1.3億是什麼概念呢?

據研究機構MyLogIQ數據,2020年標普500指數企業CEO年收入中位數為1,340萬美元(約1.05億港元),星巴克 CEO Kevin Johnson收入為1,470萬美元(約1.15億港元),麥當勞CEO Chris Kempczinski年收入則為1,080萬美元(約8,424萬港元)。

一個網紅的收入已經比標普500指數成分企業的CEO年收入中位數還高,可想而知網紅經濟的爆發是相當強勁。

但怎樣才能成為網紅呢?不會網絡營銷,亦不懂理財觀念,如何開始好?

WKOL平台就是一個programme能解決你以上的問題。

WKOL 三大方針

1. 提升你的影響力

- 助你有效地提升影響力
- 發展你的潛能，製造個人價值
- 加強你的演講技巧（信心，經驗，成績，知識）
- 透過網絡營銷，認清自己的價值
- 營運有系統的生意

2. 具體化你的影響力

- 將你的聚集流量轉化成創造價值的資源
- 運用電商的模式（進軍內地市場）

3. 打造自己品牌的自動引流系統

- 懂得精準投放廣告
- 透過引流方式，解決客源問題
- 將廣告所獲得的客源轉化為銷售，達致成交
- 套用網絡營銷在自己品牌，輕鬆營運自己生意（引流，成交）

究竟移民英國要帶幾多錢

WKOL項目三大要素

1. 精準的數據分析研究

- 通過調查和研究廣告洞察報告，獲得精準數據（過往的成績）
- 透過研究結果找出相對應客戶
- 透過數據分析，達致廣告的最高效能（顏色，字形，設計）
- 利用AI系統分析個人消費模式和喜好（過往你得喜好）
- 藉著以上數據打入合適的目標客戶群

2. 專業團隊製作

- 前期（文案，器材，燈光，字幕機，拍攝）
- 後期（影片後製，發文，推廣）
- 跟進（客戶預約，財務計劃書，文件準備 ）

3. 財富管理

- 理財知識
- 資產配置
- 管理方案

Tstist

保乜嘢!
真實個案分享～醫療保險

Tstist
尖沙咀保險人
Asana
Queenie

WKOL項目宣傳推廣

1. 視頻及硬照創作

- 提供不同的影音及電子設備
- 專業形象指導
- 塑造出專業形象

2. 線上直播

- 提供不同的投資金融平台(uptv sky)
- WKOL的金融知識平台(wealth tv)
- 設立定期直播
- 增加曝光率,擴展粉絲群
- 讓客戶能夠了解其個人特質

3. 線下推廣宣傳活動

- 進行外景的活動
- 舉辦投資理財講座或是ROADSHOW
- 提高宣傳效果
- WKOL可作真人的互動交流

4. 參與論壇及高峰會

- 塑造專業的形象
- 參與一些投資及財經的論壇會
- 認識不同領域的客戶群
- 同時自我增值

5. 知名財經雜誌專欄

- 與不同的財經雜誌合作(城報,炒股幫)
- 讓客戶認識我們專業一面
- 增強客戶對我們的信任度

6. 知名財經網台直播

- 透過財經台增加曝光機會
- 廣泛擴大客戶,提升生意

WKOL項目平台十大支援

1. 專業形象指導

- 適當妝容及衣裝(顏色配搭)
- 形象指導供專業意見
- 突顯我們平台的WKOL,讓客戶眼前一亮

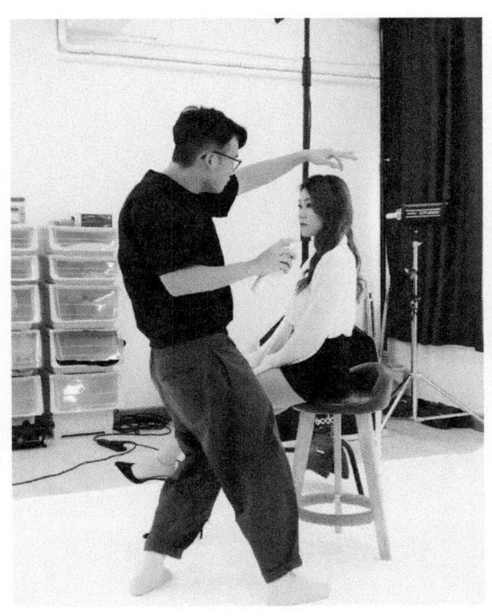

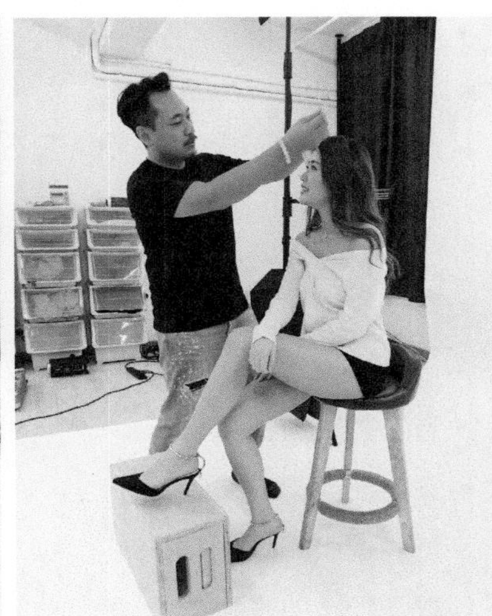

2. 攝影團隊

- 塑造屬於自己的風格,拍攝形象照
- 設立個人品牌及影像
- 打造專業形象

3. 後期製造團隊

- 一站式服務
- 協助我們的後製
- 剪片，字幕，配樂，設計等等

4. 內容製造團隊

- 編寫文案內容
- 省減自己創作時間
- 透過複製，就可以獲得精準及有價值的內容

5. 演說培訓

- 有效善用演講技巧
- 令自己出口成文
- 加強鏡頭的敏感度
- 提升聽眾的好感

6. 精準數據分析

- 通過利用數據的調查
- 精準地找到客戶
- 如何精準地打廣告
- 平台的選擇

7. SEO優化，廣告投放

- 省卻多餘時間找到最適合的客戶，提供相對應的廣告內容
- 直接有效地吸引觀眾細閱
- 有效提高個人頻道的曝光率，增加流量
- SEO是一種技術，不需要用錢來換取

8. 粉絲成長追蹤

- 如何吸引更多的粉絲來追蹤
- 塑造良好個人形象和提高個人價值

9. 網絡營銷技巧

- 如何有系統地進行網絡營銷
- 在廣告內容或文案層面上
- 取得客戶信任
- 潛移默化自己的價值觀

10. 後勤秘書團隊

- 負責後勤工作及跟進項目
- 為每一位WOKL的客戶提供優質服務

傳統行銷策略套用在現今的5G數碼年代已經不合時宜。

很慶幸能夠在WKOL平台發展，背後有莫大的團隊幫助，減輕了不少負擔及時間，**WKOL的方針亦具有相當大的前瞻性，將會為保險界帶來新的革命。**

3.5 成功的良性循環氣氛

成功的良性循環氣氛

我認為擁有良好的團隊氣氛，**團員們相處既融洽又愉快，彼此會互相分享資源，令我沒有獨軍作戰的感覺。**

在這個行業，很多人可能會獨斷獨行。但我認為這個做法會減弱自己進步空間。相反，**團隊之間互相分享和支持能有效提升進步空間和速度，令彼此距離成功更進一步。**

此外，**團隊會給予我們很大的自由度，有規矩之餘又有彈性。**平常工作時，我們可以因應自己行程分配時間。例如有時候一星期需要拍攝兩條影片，團隊已經為我們提供好燈光、字幕機等設備，我們只需要在一星期內自行分配時間完成拍攝便可。

另外，**我們團隊更會提供一些文案，只要把影片內容與文案融合，便可隨即發佈至社交平台。當生產影片的數量愈多，數據就會顯示愈多。**因此，就能得悉哪類影片更受歡迎、更大迴響，從而專注在該方向發展。

對於團隊能夠擁有自家的數據來分析，我個人也十分欣賞。

在個人經驗方面，我亦因為網絡營銷策略而獲得第一筆生意。當時，我只是抱着玩樂的心態去嘗試，畢竟拍攝也是我的興趣之一。結果，發佈在網絡平台登上廣告後，竟然得到了回覆。

在成功了一次之後，這樣就會形成一個良性循環，促使你更有動力去繼續營運。然而，這個方法並非每個人嘗試過都能成功。因為有些人會在嘗試幾次失敗後，就選擇放棄。但事實上只要你努力、堅持、不放棄，每星期拍兩條影片等於每年就有一百條影片。在這樣的堅持下，總會有客戶會看見和選擇你。**只要堅持，就能成功。**

個人而言，我認為人生是需要導師的，我們人生的大部分時候都對自己的需要和想法不清晰。

當擁有一個導師，你的人生道路就會更快捷、順暢。

一名人生導師就好比一匹馬，獨自上路既孤單又緩慢，相比之下有馬就能方便快捷地成功到達目的地。

除了以上提及過的資源配套，都需要有一個人去開發自己的潛能。我十分慶幸自己可以找到一個能夠發掘自己潛能，以助我望見長遠目光的人。如果沒有人提醒自己，就會容易變得目光短淺、目標不清晰。

當有人提點做什麼事對自己將來好、怎樣走去成功的道路時，你就會不用經過一些「冤枉路」。這樣就好像在森林裏迷失方向時，有位智者以自身的經驗告訴你哪條路才是通往成功的捷徑，**只要你肯聆聽，就能減少尋找道路的時間，快速到達目的地。**

除此之外，我認為應該揀選一位你信任的人，許多人都有能力教導，但並非所有人你都願意聆聽。因此，挑選一位導師是極為重要的，**你應該挑選一位你希望成為的和吸引你的人作為你的導師**。根據他分享過的經歷，相信他、聽從他的教導，減少犯錯，就能加快腳步邁向成功。

撰文：eva 攝影：何柏基 設計：guro
資料由客戶提供

健康長久好生活

AIA PREMIER ACADEMY

AIA學堂精英 Asana Ting

大學修讀心理學，對於溝通技巧及從對話細節了解對方的深層意思，丁家欣(Asana)早已有所訓練。畢業後從事兒童教學工作，也讓她藉著接觸還未懂得表達的小朋友，更加磨練其溝通能力。正當Asana有生兒育女的打算，欲追尋更有自主空間和彈性的工作，她發現財務策劃是助人助己及極具發展空間的事業，於是便投身成為財富管理經理。意料之外的是如白紙般欠缺相關經驗的她，在短短半年已獲4項業績大獎，成績斐然。

投身助人助己事業 策劃整全的人生方案

難忘導師分享　勤力可聚沙成塔

具有心理學知識和曾在兒童學習中心擔任老師，培養出Asana易於跟別人打開話匣子和取得信任的優勢。參與友邦精英學院（AIA Premier Academy, AIAPA）的專業培訓，讓她由零開始吸收軟硬件的知識，「課程中，我能快速增進保險、金融和理財等知識，學懂如何為客戶設計整全的人生規劃和做好風險管理。而溝通和銷售技巧等訓練，也有助新人增強自信心，協助我們加快適應和投入新環境。」

在AIAPA的培訓中，Asana對一位導師的分享感受至深，「他提醒新人千萬別看輕任何保單，即使是一些看似小額的生意，但只要默默耕耘，定能聚沙成塔，就像那位導師就是靠簽下多張小額保單，因而取得COT超級會員殊榮（COT – Court of the Table，業績是百萬圓桌會MDRT的3倍），成績令人難以置信，其積極勤奮的態度也值得敬佩和學習。」

▲上司Thomas（左）和團隊夥伴高麗雅Karen（右）稱讚Asana簡單和開放的態度，令她創下驕人佳績。

目標明確　首季已獲4項業績大獎

規劃保障方案時，Asana認為細心了解客戶的家庭背景和病史，再作靈活的方案設計至為重要，她舉例說：「如客戶因有嚴重病史而難以選購個別醫療保障，我會建議他可轉換方向從理財規劃入手，以財富增長作為醫療儲備。」她強調考慮客戶的利益也是首要條件，從沒想過生意額的大小，她認為每次與客戶會面和設計方案，都是累積經驗的寶貴機會。她於今年初才加入AIA，但已在首季勇奪4個獎項，包括「季度最高保單數目」、「季度新人獎」、「新人獎」和「超級新人王」等。上司徐子聰（Thomas）大讚Asana目標感強，有想法和樂觀正面，「最重要是她抱持簡單和開放的思想，只要訂下目標，便會朝著那個方向直奔，尤其適合投身財務策劃行業，入職半年已簽訂30多個保單，非常厲害。」

Asana對於今年內完成業界公認最崇高的國際榮譽—百萬圓桌會（MDRT）會員資格充滿信心，建立團隊和晉升則會是其來年的目標。「還記得剛加入目前的團隊時，每當我遇到疑問，總有團隊夥伴主動幫忙，我很喜歡這種團隊士氣，我也會以此互助互愛的氛圍組織我的團隊。」

▲Asana表示設計保障時，必須細心，有耐性和靈活兼備。

註：「友邦香港」、「AIA」或「公司」是指友邦保險（國際）有限公司（於百慕達註冊成立之有限公司）。

CHAPTER 4

IQ、EQ你也有了，FQ你有沒有？

4.1 窮人思維vs富人思維

富人和窮人的思維方式

對於金錢的看法

窮爸爸：我無能力負擔（懶惰性思維）

富爸爸：我怎樣才能付得起?（主動思考方法）

面對學習

窮爸爸：努力讀書，入一間好公司，找一份好工作

富爸爸：學習賺錢，了解錢的流動規律，並學以致用

面對孩子

窮爸爸：因為我有孩子，所以我不富有

富爸爸：因為我有孩子，我必須富有起來

面對風險

窮爸爸：賺到錢不要冒險

富爸爸：學會管理風險

面對破產

窮爸爸：我從不能富有

富爸爸：破產是暫時，貧窮是永遠的

面對工作

窮爸爸：寫一份好的履歷，務求找到好工作

富爸爸：寫好事業規劃和財務計劃，嘗試創業機會

富人不為錢工作

窮人為錢工作

1. 讓錢支配生活

a. 追求升職加薪，為賺錢拼命

b. 誤以為打工會帶來安全感

c. 為別人工作耗費一生

為公司老闆打工？為政府納稅、為銀行還貨款

2. 被恐懼和慾望支配

恐懼：對沒錢的恐懼，刺激我們努力工作

慾望：慾望刺激消費，需要賺更多的錢，滿足慾望

富人讓錢為自己工作

1. 不斷發掘機會，增值自己，發展所長

2. 面對失敗，從中學習，不斷嘗試

學習理財知識

1. 資產和負債

資產是能把錢流進戶口的東西，負債是把錢從戶口流走的東西

2. 操作

持續購入帶來收入的資產，並降低負債和支出

3. 區別

富人買入資產，窮人只有支出，中產往往買入自以為是資產的負債

4. 懂更多理財概念，增值自己

關注自己的事業

事業的重心是資產，職業的重心是收入

資產累積：

- 維持低水平支出
- 不負債購買沒用的東西
- 減少借貸

真正的資產：

- 團隊經營管理的業務，不需要本人到場就可以正常運作
- 股票，債券，產生收入的房地產，版稅，任何有增值潛力的東西

如何看待奢侈品：

- 富人最後才買奢侈品
- 窮人會先買奢侈品，想要看上去感覺富有
- 借錢買奢侈品更是沉重的負擔

財商：

會計：財務知識

投資：錢生錢的科學

法律：減稅優惠

了解市場：供求的科學

4.2 12樣讓你越來越窮的事

大家有沒有留意到搵錢能力高的人不一定有最多的積蓄，因為會賺錢不等於會理財，**我們能夠擁有多少資產取決於我們的認知範圍，**就算我們賺到再多的錢，**缺乏人生經驗、理財概念等，錢也會捉不住，從你的手中流走。**

因此在這裡跟大家分享幾個無論你賺多少錢，都會讓你變得越來越窮的壞習慣。

1

做事沒有預算，不會給自己設置一個大概的範圍，看到喜歡的就立即買下，即使是超出自己能力範圍內，需要用信用卡來支付，也會硬著頭皮買下來。

我知道女生都喜歡買衣服，鞋子，包包或者是化妝品，但如果每次喜歡便買下來，見一樣買一樣，到月結時才發現超出自己的負擔，大失預算，所以應該為自己定下購物的額度，例如將信用卡額度調低，避免消費過度。

2

總給藉口在自己不必要的事物上面花大量的錢，**首先我們要分清楚什麼是「需要」，什麼是「想要」，**需要是我們日常生活中不能缺少的消費，例如起居飲食。「想要」是我們一個不一定需要的東西，例如名牌包包、過度娛樂消費等。我們必須要分清楚自身需要，切勿過分花費在不必要的事上。

3

購物的時候沒有清單，無論是在網上購物還是在線下逛超市，就例如在淘寶網購物付費後，會出現更多同類型的產品，而且價格更優惠，我們又會忍不住再購買更多，**結果買了一大堆自己並不需要或是重複的東西。**

有研究表明購物之前列一個購物清單，可以減少你13%的衝動購物的可能性。所以購物時必須自備購物清單，避免額外的消費。

4

面子消費就是喜歡通過購物這種形式來呈現出自己非常富有的一種假象，通過這種方式，我們可以告訴身邊的人，我有能力買這麼多的新東西，說明我是一個有消費能力，有賺錢能力的人。**但其實很多時候這些物品並不是我們真正需要的，**有些還超出了我們的能力範圍內。

5

購買廉價商品就是在購物的時候重視數量而非重視質量，寧願花錢去買一大堆價格比較低，質量比較差的產品，也不願意花更貴的錢買一個質量更好，可以使用更長時間的物品。以iPhone叉電線為例子，在一些電子商舖能以$10就買到一條叉電線，但質量很差，很快便壞掉，甚至用不到。反之，直接在Apple 購買叉電線，不單止較耐用而且壞了有保障。

6

欠缺一個長期的目標，如果我們沒有一個長期的目標，我們就不明白為什麼要控制購物欲，或者為什麼是我們要去賺錢。**假如我們想退休時衣食無憂，子女安居樂業**，我們便會去克制自己的購物欲，**設計合適的個人理財規劃，達到自己理想的目的。**

7

欠缺理財規劃，沒有儲蓄和進行投資的錢，無論你現在的人工是多少，如果你是月光族的話，那麼在未來十年，你的資產情況不會有太多的變化，因為你習慣每個月把自己的薪金清光形成了一個不良的消費習慣。

8

欠缺一個長期的財務規劃，這個規劃不是說我這個月要存多少錢，而是說我在未來的十年，我希望我的資產達到怎樣的水平，我需要通過哪些方法去才可以達到，**而我們的回報是透過時間和本金作滾存，所以一定要有長期主義者的思維，才能儲下一筆理想的積蓄。**

9

用信用卡其實都不緊要，只少每月還清卡數便可以。可是現今的年青人都缺乏理財知識，**每月以最低的還款額找卡數，最後利息日積月累，不但背負着重債，還養成一個不良的消費習慣。**

10

總有些人說到金錢，就會欠缺自信，因為他們缺乏財商，好像投資股票失利、工作了10年積蓄還只有10萬等等，**他們覺得這是一件羞恥的事。**

事實只要他們學會管理財產，認真學習投資理財，**建立一個正確的理財價值觀，便可以有足夠的底氣跟人談論金錢。**

11

收入提高了，卻開始盲目地提高自己的消費水平，吃最好的餐廳、買最貴的袋，**最終把所有收入都花得乾乾淨淨。**

你認為別人能夠高度消費是因為收入提高了嗎？而是他們會理財投資，而且已經做到財務自由。簡單點來說，他們所花費在一個愛馬仕包包可能只是資產的1%，而對於你來說是資產的10%，這就是你跟他的距離。別因為收入提高了而馬上消費，**應該儲下這筆金錢，**好好利用，**等待適當的時機，入市投資，把這筆積蓄發揮最大效用，**到時再把「用不完」的錢消費吧。

12

不珍惜自己的時間，**把時間浪費在別人的動態上，**但是你有沒有想過這些時間去增值自我，例如看電子書、學習技能，或者是不斷提高自己，**讓你在未來你的收入增加。**

學會網絡營銷就是一個好例子，SEO和數據分析、內容行銷、視頻影片、社交媒體、設計、優化「客戶之聲」（聊天機器人和AI）、付費廣告/ Pay Per Click（PPC）廣告都能成為你的**生財工具。**

4.3 六大致富思維模式

第一　保險是安全網，儲蓄是守，投資是攻

置富的第一步先要為自己做好**風險管理**，做了第一層的保障後便可以儲起剩下的錢，然後進行投資。

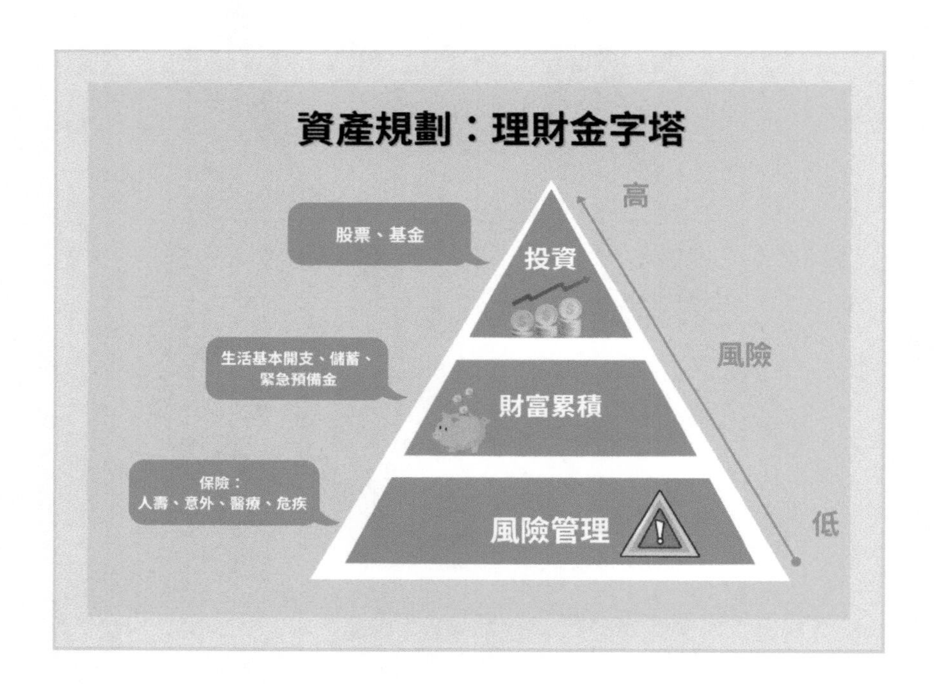

第二　利用槓桿投資

很多老一輩都覺得借貸投資是風險很大，用自己儲蓄做投資便可以，但當你的本金不大，投資回報也不會高。**只要借貸的利息低，便可以借錢放大你的投資效益**。股神巴菲特也是利用槓桿來大幅提高他的投資報酬率。當然他的借錢方式是跟我們有所不同，他是利用旗下保險事業的部份資金，以非常低的資金成本作為他投資的資金來源，做到槓桿大約1.5至1.6倍，這個槓桿倍數大概跟上市公司股票用融資買的倍數差不多。

雖然我們不是巴菲特，但其實日常生活中處處都是槓桿投資，例如我們投資房地產，假設房價$1000萬，上漲了10%，漲了$100萬，如果你沒有借貸你的獲利只有10%。但一般投資房地產都會做房貸，假設你所投資的本金是$500萬，漲了$100萬，等於投資報酬是20%。

定期壽險也是一種槓桿

定期壽險其實是一種具備槓桿效率的理財產品，它的保費低，高保障的保險槓桿。舉一個例子，25歲的女生，總保費為10萬，就能取得20年期的定期壽險保額700萬，等於是所繳保費的70倍。**所以有不少家庭支柱或是有房貸在身的一族，都會利用這種保險產品來保障家庭的經濟，一來保費低，二來槓桿效果非常大。**

第三　投資永遠都要懂得保本

投資前最應該做的事是管理它的風險，別一下子把所有資金拿去投資，最後連本金都失去。聽過很多朋友的故事，自己辛辛苦苦儲下來的錢投資美股、港股，只有幾天便蝕了幾萬元，又或是「坐艇」，一兩年拿不回到本金。雖然一些價值投資是可以長期持有，**但有多少投資者也是不會「選股」，反而盲目跟從的人非常多，然而自己可承受的心理壓力也不大，最後損手爛腳。**因此我們應做好風險管理，得知自己對於投資的承受風險能力，以及了解一下自己能投資的本金多少，**在投資世界上，可以說你的「子彈」夠多、源源不絕，你便能得到最終勝利。**但要知道不是每個人都能夠有源源不絕的「子彈」，**所以你要做的事，就是學會管理風險，在穩定的基礎上追求收益**，即使回報沒有那麼高，也不要把資金失去。

第四　永遠不要忽視複息效應的威力

複息效應是指投資者將每次到期的本金加上回報，成為下一期的本金，**亦即「錢滾錢」**，像雪球一樣越滾越大。

舉一個例：

一個25歲年青人每月1000元作投資，假設每年淨回報率7%，經過10年投資滾存，35歲總投資為12萬。假如投資年期長達40年，他在65歲時大約可以累積93.7萬。雖然他的投資年期只是比前者長了一倍，但累積的金額卻多出接近三倍。因此，每月退休儲蓄投資額愈高，透過複息效應所累積到的金額亦同樣倍增。

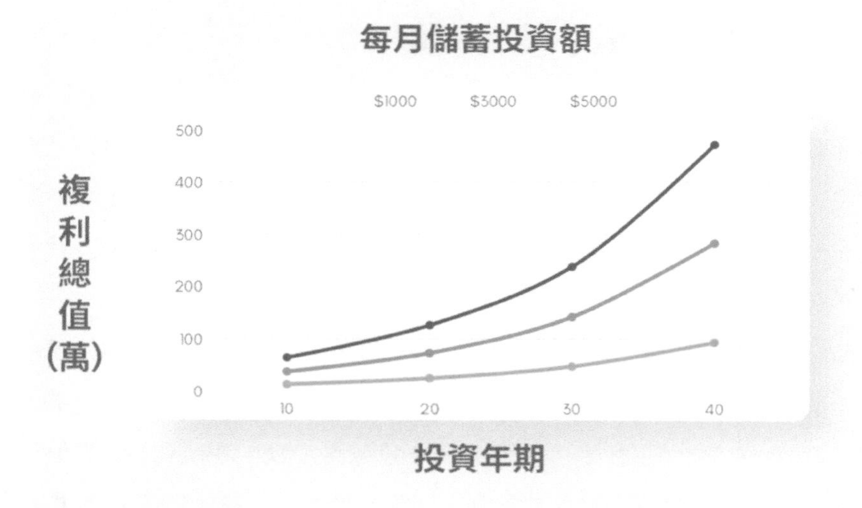

如何善用複息效應

時間 x 本金 = 回報

複息強勁是連本帶利的效果，所以初期不會有明顯的差距，但經過長時間會產生更高的回報。**越早以複息方法開始儲蓄計劃投資，便有更長的時間讓本金及回報以複息滾存增值，達到連本帶利增值的效果。**

第五　認知範圍決定你賺錢的能力

你有沒有發覺你的認知層面跟你的資產是成正比的，**一個人可以擁有很高的搵錢能力，但他能否把辛苦賺下來的錢作正確的理財投資是另一門學問。**

有些人賺到第一桶金，卻缺乏理財的知識，又或是不懂得投資，到最後這些金錢便從他的戶口慢慢的流走。我亦有聽過一些朋友，賺到一筆大的資金後，把所有現金放在戶口，結果逐少逐少花費在日常的開支，到最後錢便沒了。

很多人以為理財只需要學投資，但要真正積累財富，**一定要學會理財，而當中包括賺錢、花錢、存錢、投資都屬於理財的一部分，**每個環節都做好，你的財富就一定得以積累！

若果缺乏理財知識，不懂得作正確的投資，或利用資金製造被動收入、財富增值等等，**你需要的是找一個專業的投資理財顧問，為自己作財務策劃，分散投資風險，作穩陣的儲蓄，**亦可以增值自己的財商，為自己的資產花一點時間，學會投資理財。

第六 累積人脈

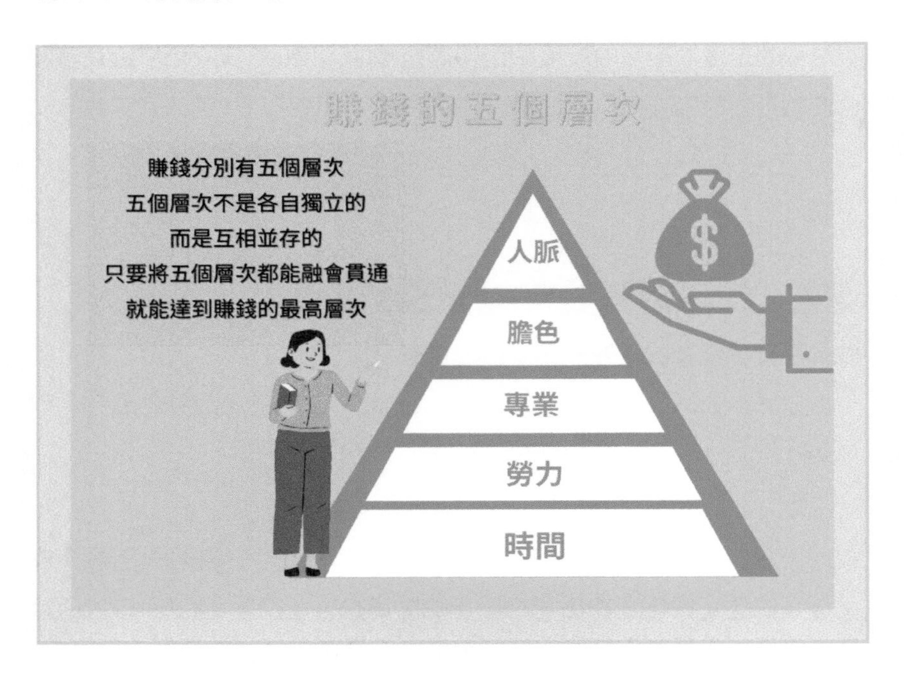

1.用人脈賺錢

工作特點：

1.靠關係、人脈

2.有很廣的人際網絡

例子：企業家、退休高官

2.用膽色賺錢

工作特點

1.靠膽色和眼光去賺錢

例子：基金經理、初創企業家

3.用專業賺錢

工作特點：

1.靠專業和知識賺錢

2.要經過長時間的進修考取專業資格和實習

例子：醫生、律師、會計師

4.用勞力賺錢

工作特點：

1. 需要體力勞動 多勞多得

例子：地盤工人、搬運工人

5. 用時間賺錢

工作特點：

1.賣自己時間的低技術工種

2. 容易被人取代

例子：快餐店及超級市場職員、普通文員、保安員

如果自己的層次太低，就算認識什麼厲害的朋友，也無法學到什麼，因為根本聽不懂對方在說什麼。在互相無法交流的情況下，友情絕對不會長存。所謂人脈，根本不是去認識你高攀不上的人，以為自己這樣就會提升了，所以先提升自己的層次，及認知範圍，才能跟層次差不多的人溝通。

4.4 學會四桶金 好過賺第一桶金

人生四桶金

很多客戶朋友問我在這個通脹持續高企的環境下，投資市場波動，有什麼方法可以穩健理財，將來退休生活能夠真正做到退而無憂？

其實，我們只需要準備好**人生四桶金**，利用穩定而簡單的方法去增值財富，就可以讓我們真正安枕無憂。

第一桶金 — 應急資金

應急資金亦稱之為流動的桶，**主要是我們往來帳戶(current account)的錢，對沖一些我們日常生活開支。**這個戶口裏的錢，是讓我們暫時去存放，就好比一個會穿洞的桶，三、五年後這筆錢未必還在。**一般建議預留3-6個月的生活費存放在這個戶口便足夠。**

第二桶金 — 保障資金

保障資金亦稱之為保障的桶，**是我們財富的一個安全網，**就好比汽車的後備軚一樣。從單身、結婚、應付樓宇按揭、甚至需要照顧兒女、供書教學等等不同重要階段，**我們都必須要配置好足額的人壽，危疾，醫療，意外保障，**以小搏大，解決家庭因生老病死帶來的突發開支，務求有效地守護好我們的財富。

第三桶金 — 投資收益戶口

這個戶口亦稱之為投資的桶，**當中可能涉及較高風險的投資，利用時間及複利息，透過不同程度的風險工具投資，**例如不同類型的股票、基金，相對進取地賺取收益，就好比一個魔術桶，裡面的錢有機會變大縮細。同時，亦有可能未必配合到人生時間性的需要，例如，把資金放在股市，若干年後想結婚，但突然遇上股災，這筆錢可能就被扣起了，否則就要蝕本離場。所以，**建議先安排好其餘三個戶口後，才謹慎地分配資金的百分比到這個戶口。**

第四桶金 — 平穩增值戶口

這個戶口，我們稱之為穩健的桶，**有效地透過時間，定期累積，達到錢滾錢的功能，讓我們的財富能保持購買力，抗通脹。**

「穩定回報」和「製造長遠被動現金流」會是重點，每年約4-5%的回報左右，滿足到人生不同階段性的目標，可能包括：教育基金、退休基金、移民基金及其他的個人目標。這類型的理財工具，比如：儲蓄計劃、年金、派息基金、債券、定期存款、高息股票等等，都會是不錯的選擇。

假如，我們每個人由出身自立，掌控金錢開始，就一步步為自己去準備好這四桶金，相信便能更快地在往後人生，真正享受到財富自由、退而無憂的樂趣。

4.5 為何我不是股神－派息基金是什麼？

上一章提到人生理財有四桶金，只要我們配置好，就能簡單並有效地增值財富。

而當中，在投資收益戶口裡，投資股票是我身邊最多朋友的興趣。然而，最近股票市場的表現，**絕對可以用「腥風血雨」來形容，**面對全球宏觀經濟不明朗的情況下，例如美國加息、俄烏衝突，部分資金從股票市場撤走，導致環球股市表現低迷。同時，估計短期內也未有任何利好消息帶後經濟發展，**倒不如趁低價考慮配置派息基金，為自己提供被動收入。**

傳統的基金，大多為增長型基金，以累算方法，將收益滾存賺取價格升值。派息基金的原理就類似股票中的高息股，抽取基金部分回報，定期派給客戶，投資者收取利息回報同時在升市時，也可賺取基金價格升幅，**「有升有息」。**

假如跌市的話，當中的派息也可分派並抵銷部分資產格價下跌的損失，增加防守性。

市面上的收息基金大部分以債券基金為主，另有部分是股債混合基金和股票基金，**年回報率由4厘至9.2厘不等，**取決於不同的基金管理公司，不同的投資成份和方向。

以市場一隻8厘回報的派息基金為例，投資100萬元，**下個月開始即每月可獲6,667元的利息。**月月派，相比買高息股，只能每季、每半年或每年收一次股息來得吸引。

以下是一些購買派息基金時的四大要素，可留意;

涉及的費用:

例如認購費、管理費、贖回費用、行政費用、保單費用及退保費用等。

派息時間和頻率:

一年一次，每季一次，還是月月派息。

派息是否從資本中扣除:

派息基金有可能由基金的資本中抽取資金派息，代表部分派息金額來自投資者的投資本金。這情況下，會導致每股資產淨值減少，用作將來投資的本金亦會減少。

背後投資的資產:

派息基金背後購買的資產一般為「普通股」、「優先股」及「債券」，視乎不同基金，背後的比例也不一樣，了解基金背後持有的派息資產更有助我們管理風險。

4.6 買房子｜自主或租住？

不少想組織家庭的夫婦都會考慮首置物業，但在財政上來說，如未有能力買樓，租樓又是不是划算呢？

一般人都會認為租樓就是「幫人供樓」，因為所支付的租金只是支出，並沒有任何儲蓄成份或投資成份。

所以一般準備組織家庭的夫婦，都會希望「結婚、置業、生小朋友」，一來物業是自己全權擁有，二來可以按家庭需要，裝修改動間隔。

但對財政能力有限的夫婦，**置業的入場較高，首期、律師費、印花稅、代理佣金等等開支都成問題。**

一般在香港三房的單位，都是1000萬以上，千萬的樓按揭成數為五成，以1001萬的樓為例，首期需要500萬，印花稅37.5萬，代理佣金10萬，一次性支出547.5萬。其壓力測試入息為47315元，每月供款19756元。當中還有律師費、裝修費、管理費、差餉地租等費用。

我認為是要去再進一步討論的話，就是自住房屋單位以及投資房屋單位的區別。

若單位是自住是沒有影響的，因為只是涉及自住的用途。

若然是以投資角度出發，需要考慮幾個方面。

投資單位開支

購買單位的交易成本並不便宜，例如1000萬以上的單位，需要繳交4.5%的印花稅，即是45萬，另外未包括其他各項的雜費，如每年的維修費、地稅、差餉、及各方面的開支。

升值潛力和租金回報

除了開支以外，亦要**留意租金回報率以及升值空間。**

因為現時香港的房屋單位售價都是近乎處於歷史上的高位，雖然現時有少許回落的空間，但是整個經濟環境仍然要考慮整個經濟週期的升跌，**特別是最近一至兩年的升跌幅度。**

現時，可以說是一個樓價高峰的位置，在此大環境下的經濟情況已經維持一段長時間，而未來的經濟環境會否放緩而令樓價下降，或是急速上升？**這是未知之數。**

基金VS買樓

始終購買房屋單位與月供基金是不同概念。**月供基金是以平均成本去計算，而購買房屋單位的價格是固定不變。**但是當我們知道在這種環球情況下，有機會下調房屋單位的價格的時候，我們是應該如何去準備呢?

現在是一個很適合應用平均成本法的時機。因為知道現時處於下跌的趨勢，但未清楚那一個是最低位。所以，可以用平均成本法於每一個月或每一個特定的時間去購買，所賺取更多利潤的機會自然有所增加。

買樓好處：

- 買樓可以按照個人需要進行裝修改動，物業亦自己全權擁有，屬於自身資產，作為長遠規劃

- 現時政府推逆按揭，又稱為安老按揭，可以到退休時將已供完按揭貸款作為年金入息，年老時亦有安居之所，一舉兩得

- 買樓是自身資產，可以承傳到下一代

- 若以買樓作為投資，有機會獲得出租單位的租金回報或因物業價值上升而賺錢

租樓好處：

- 對經濟能力需求較低，只需繳交兩按一上便可以立即租住

- 租樓彈性比較大，在一至兩年期內的「死約後」只需要一兩個月通知便可以終止合約，適合需要彈性較高人士按照財務狀況搬遷

- 固定家電（如冷氣機）、維修、差餉、管理費等支出一般由業主負擔，省卻額外開支

買樓風險:

- 若以銀行按揭買樓,除了先付一大筆首期外,每月還要供樓,最高可達30年期,長期成為家庭的財政壓力

- 需要面對利率風險,供款數額或年期會受市場息率影響,按揭利息多以浮動利率計算,如美國加息,香港息率也跟隨上升

- 樓宇價格會因應經濟環境有所調整,若果樓價下跌,按揭貸款會超過資產本身價值,如需要轉賣物業套現,貸款亦不能完全還清,需要承擔負資產的風險

- 會有突如其來的開支,例如大廈維修費

租樓風險:

- 租金價格不穩定,隨大市影響

- 面臨業主加租或終止合約風險,需要覓尋其他居所,搬遷時亦有額外一筆費用

- 家居裝修設計欠缺自主性,需得到業主同意

- 租金屬於消費型,不斷地支出,沒有任何投資價值

CHAPTER 5
如何尋找幸福？

5.1 什麼是幸福？

什麼是幸福？

看到別人有小朋友、有了家庭覺得別人很幸福？
看到身邊的朋友一個一個被求婚覺得很幸福？
看到年老的婆婆伯伯還依偎在一起覺得很幸福？

怎樣的狀態才算是幸福？

每個人對幸福的定義都不同，你認為幸福是什麼，它便是什麼。有很多人看到別人的幸福覺得自己不幸，時常怨天怨地，埋怨別人、埋怨自己，**但事實上他已經比世上很多人幸福很多了。**

幸福與否，是取決於自己如何去看待，每件事都有多方面角度去看，你看似幸福的事可以是「泡沫」，亦有人活在「泡沫」中，覺得自己很幸福。

幸福是種感覺，這與你的生活狀態無關，而是取決於你的心態。當你遇見幸福的時候你的世界是彩色的，心情特別愉悅、臉上也會掛住笑容。

對於我來說幸福究竟是什麼？我覺得自己活在幸福當中，每一刻都被愛，父母的愛、兒子的愛、家人朋友的愛、同事的愛，**我活在哪裏，哪裏就是幸福。**生活中總有高低起跌，但我都喜愛保持樂觀的心態，**畢竟活着就要快樂，與其鬱鬱寡歡倒不如勇敢面對。**當一切困難都變成挑戰，抱著樂觀正面的態度，身邊的人自然會對你好，在你身邊支持你、扶持你。**身邊的人對我的關懷與愛護都是能讓我活在幸福的原因。**

我對於幸福的定義很簡單，**別人的一個微笑和支持，都能讓我活得快樂，世界變得色彩。**同樣地，我亦喜歡用笑容去感染別人，在他人身邊默默地支持，無私的幫忙，有能力貢獻和付出也是一種幸福。

做任何事都不需要計較，你擁有的一切其實都是虛無，你能幫助到人的能力更加實在。能生活得像這樣的心態，幸福也自然來了。

一個人能幸福嗎？

我不喜歡一個人的狀態，一個人可能很自由，一個人可能很簡單，但我認為長久的幸福，是需要被愛的。

愛與被愛是雙向的，得到愛的同時，你亦會付出你的愛，這樣的幸福才更真實。你同意嗎？

5.2
男生想跟怎樣的女生結婚？

為什麼女生一定要結婚？
你是一個獨立又溫柔的女生嗎？
比較優質的男生喜歡什麼女生？

很多高質的男生，事業好，個性也很好，他們都會想找一個有質素的女伴，以下有八個特質都是男生想跟這些女生結婚的特質。

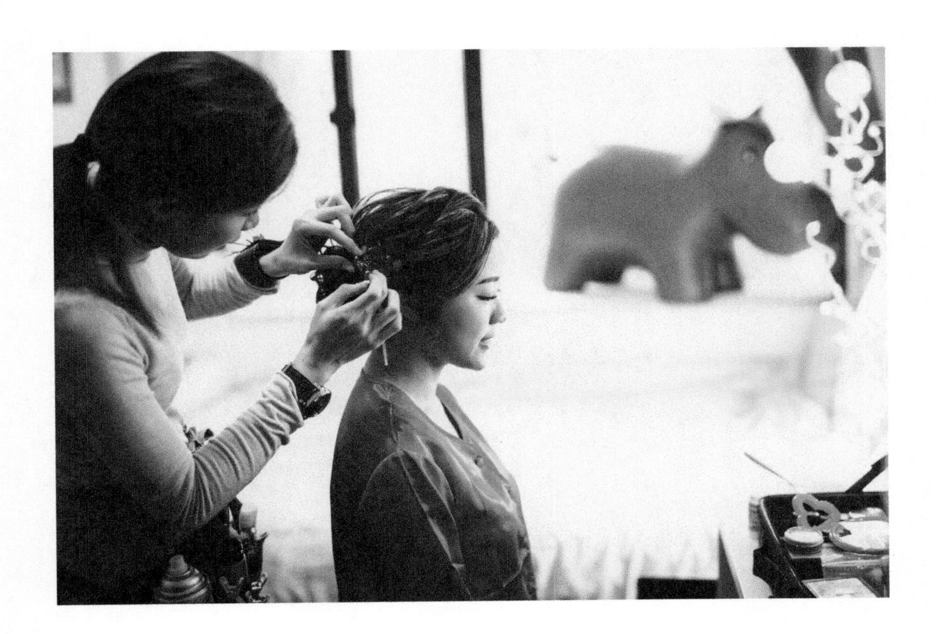

心地善良溫柔體貼的女人

護士、幼稚園老師等溫柔的職業都是男生的理想型，因為任何男人都喜歡心地善良，溫柔體貼的女人，因為很多時候男人也是脆弱的，也需要女人的關心和愛護。像媽媽一樣，**安靜地抱抱他，哄哄他，或是跟他撒撒嬌，就會讓他感到很溫暖。**

善解人意大方得體的女人

善解人意的女人大多是思想成熟有品位的人，她知道不論在什麼場合都得站在別人的立場思考問題，所做出行動一定會照顧別人的感受。她從不張揚，衣着可能不時尚，但端莊得體。**與人相處通達和諧，善解人意，**讓人對她的感覺總是美麗大方，女人味十足。

不只會做漂亮花瓶的女人

雖然男人都喜歡漂亮的女人，可是漂亮永遠都不能當飯吃，而且隨著歲月的流逝總有一天會年老色衰的。所以，**女人一定要利用自己的優勢立足於社會，利用自己的智慧主導自己的人生，**這樣才能贏得別人的尊重。

不做寄生蟲式的獨立女人

不管怎麼樣，**一定要做個經濟獨立的女人，不用伸手向男生拿錢。**其實男生和女生的想法都很類似，不想多一個經濟負擔，女生若能夠自己經濟獨立，作為男生也會欣賞。

有主見但絕不強勢的女人

有主見的女生較為吸引，證實自己有個人意見，也是一種魅力，但同時間亦不會固執，堅持己見，要做到恰到好處，才能讓男生相處得舒服。

遇見所愛不會被動的女人

太過被動和矜持的女人，反而讓男生不感興趣，或者男生不敢接近你，所以有時可以主動一點，表達你的想法，爭取自己的愛情，不要等待錯過才後悔。

心有靈犀一點就通的女人

能夠做到一講便明，絕對是伴侶的理想條件，不用費盡唇舌去解釋事情，簡單一句便能夠清楚明白，這樣聰明的女生絕對是男生喜歡的類型。

有氣質卻不顯膚淺的女人

透過學識來增加自己的氣質，讓自己顯得高雅不俗，言行舉止都散發着女人味，相信這種氣質女生也是男生喜愛的類型。

5.3
愛情毒蘋果：12種說話方式

1. 沒事就把離婚、分手掛嘴上

這樣的話，就算只是隨口說說，

也足以讓伴侶感覺自己被拒絕，

讓繼續愛你彷彿變成一件有風險的事。

對感情造成**「隱性的傷痕」**。

2. 罵對方是騙子

這種指控性的語句，

只會讓衝突變得一觸即發。

如果你真的有疑慮、有懷疑，你該說：

「我們之間是不是有些誤會，會不會坐下來一起說清楚？」

你也可以透過問問題，瞭解事件全貌。

3.「你太大反應了」

「冷靜一下」、「你太敏感了」、「你反應過度了」，

當伴侶情緒激烈時，請你收起這些話，

因為，每個人會依照自己的感受來回應事情，

不用你來告訴對方怎麼樣反應算「適當」，

什麼樣算「過度」？

當伴侶的情緒反應高於平時，

傾聽會是最好的回應，

瞭解對方真正在意的是什麼，

接著再想想你要怎麼回應。

你可以說：

「我知道你很在意這件事，但我意願是……」

4. 負面消極、黑面、說晦氣說話

你生氣了，板起了臉，但當對方問你「怎麼了嗎？」

你卻說冷冷的回：「沒事。」

很多女生都是這樣，口裡說「沒事」，實質就是有事。

與對方不溝通、不了解，亦不解釋，對方只會無所適從。

寧願你吵吵鬧鬧，就算彼此有差異的想法，

至少互相溝通了解，

但是如果該吵而不吵，

只是消極應對、擺臭臉、不斷拒絕對方，

而不面對，只會造成雙輸。

5.「隨便啦」

當對方心情不好，一時不願意吐露心事，

較好的方式是給對方一個微笑或擁抱，

千萬不要說出「隨便啦」這種顯示出自己不在意的話，

容易讓伴侶覺得你根本不在乎他的感受。

6.「你每次……」

「你每次……」、「你永遠都……」

「你每次都遲到」、「每次要你做的事你都沒做」，

這類話很少有幫助的，只會帶來傷害。

這樣的話等於是在告訴伴侶，

他做的事都是錯的，且你也不認為有一天他會改變。

研究顯示，持續貶低伴侶性格，感情破裂的機率就會大增。

7.「如果你真的愛我，你應該……」

沒有人應該被規定要用哪一種方式證明自己的愛。

用可以讓彼此更親密的方式溝通和相處，

而不是用考驗、測試與刁難。

8. 輕視、甚至侮辱對方的職業

侮辱對方的專業，

就是在把你的伴侶推遠。

9.「不是早就跟你說了嗎?」

「你看吧」、「不是早就跟你說了嗎?」

沒有人希望自己很笨，

這是一種被貶低的感受。

當事情的預測不如預期，

對方或許已經夠難受的了，

你就不用再落井下石。

感情的字典裏沒有「輸贏」，

你也不必證明自己是「先知」。

10. 用諷刺句、冷嘲熱諷

諷刺句只會讓人心情不好，

而且這類酸言酸語對感情的侵蝕力十足。

11. 動不動就把前任拿出來講

生伴侶的氣的時候，
千萬不要說「我前男友都不會這樣」
「我前女友好像沒那麼愛鬧脾氣」
如果你跟你前任感情真那麼好，
那你們現在應該還在一起才對。
所以不要做這些沒有意義的比較，
轉而聚焦有建設性的對話，解決問題。

12. 貶低對方的家人

就算伴侶抱怨自己的家人，
也要適可而止。
這種事，有時候是自家人可以批評，
但「外人」講起來就冒犯性十足。
如果真的要談論對方家人，
多半還是要保持禮貌，
或者是以解決問題的出發點來談。

一段壞的的感情就好像一個毒蘋果，吃了一口，毒素就流在你的血液中，由鮮紅變疼黑，一旦染污了便會沿着血管污染到全身的血，一點一點的把感情慢性殺死。

5.4 是如何可以結束愛情長跑？

是如何可以結束愛情長跑？

當我和另一半一起的時候，我便決定他是我的終身伴侶。那是什麼原因令我這麼果斷決定呢?

很簡單，他愛一個人，那個人就是你，那時的我很單純，只要我喜歡對方，對方亦愛我，願意照顧我，陪伴我，就已經足夠了。

我的另一半很疼我，亦很孝順媽媽，記得中學時班主任叮囑我們，要找一個疼你的老公，那麼如何判斷呢?就是他孝不孝順媽媽，如果他對媽媽都不好，這個男孩子便不要得了，如果他對媽媽很有愛，就代表他也會對老婆愛護有加。所以我也有信心他會寵我一生的人。

當一個人對我無微不至，也很愛我，自自然然就會踏入婚姻階段，而他也成為了我的結婚對象。

說到談婚論嫁，一般人的反應都會拖拖拉拉，給予一萬個理由拒絕，**「你還很年輕，現在太早了吧！」**這句在我當年聽得最多了。說真的，當時的我年輕得只有23歲，**對一般年青人來說，才剛畢業，工作生涯還沒開始，對於將來的變數也太多，怎能草率決定一生一世的另一半。**

但當時的我沒想得長遠，總覺得這個人是對的人，選好了就不用在愛情森林亂跑。畢竟我的思想比較保守，一切最好的都想留給老公。

在愛情森林裡，樹木故知然多，但「多」是你想要的嗎？還是一棵能為你遮風擋雨的樹才是你要的。**總會有人在森林裡亂跑，遇一個，棄一個，愛一個，離離合合，到最終只會浪費時間。**

有誰不清楚女生的青春是無價的，**一個多漂亮的女生，也必須受到歲月的摧殘，人過三十，青春逝去，再漂亮也不及二十出頭的女生。**

以往我聽過一句關於男生對什麼年紀的女生最為感興趣，20歲的男生喜歡20歲的女生；30歲的男生喜歡20歲的女生；40歲的男生也同樣喜歡20歲的女生。

那你明白為什麼女生的時間那麼寶貴了吧！

因此別在森林裡亂跑亂撞，到損手爛腳時才後悔當初。**有人會說我也是為著自己的愛情作保障，「騎牛搵馬」不就行嗎?**

你覺得一個好的男生會喜歡上這種心態的女生還是一個專一用情的女生呢?

你是一個怎樣的人也會吸引同類型的人，不要再抱著「騎牛搵馬」的心態了，**人揀你，你揀人，寧缺勿濫，**終有一天會遇到你的另一半，就把最好的回憶都留給他。

說到我結婚的導火線不得不說這個故事，當時我們還年輕，經常周遊列國，我爸看不過眼，便找我對話：「你沒跟他結婚就不要去旅行。」

當時我們已經買好了機票去日本大阪，爸這句話看似幽默，其實暗裏的意思十分嚴肅，懂嗎?

我聽了後，內心愕然了一下，口裏也吐出一句話：「好啊！」

這句直接簡單的回覆，都不知道當時是哪來的信心，我當下就是覺得沒問題，畢竟我覺得他是個好男生，再者我經常都跟朋友分享這樣的一個想法：

好的男生早會被優質的女生選了，假若你放棄現在的伴侶，**找到的都是「不夠好」或是「未玩夠」**，所以我不會有想找更好的想法，不然只會讓自己浪費時間在一段沒意思的感情上。**一段感情都認真付出，就不要再多考慮其他的可能性。**

當我跟他覆述了我跟爸爸的話，他也沒有令我失望，同意要娶我。

求婚到結婚都經歷了不少，很多人都說**訂婚後跟結婚這個短年期是關鍵，當中有太多討論和互相遷就的需要，**結婚擺酒、禮金、親戚、家庭組織、經濟需求等等，由一對情侶到夫妻關係就在這一步決定，**有很多情侶走到最後一步都渡不過難關，**最終磨合不到，性格不合而分開。很可惜，**兩人相愛本應是很簡單的事，**但說到**結婚就不是兩個人的事，是兩個家庭，兩個家族的事。**

結婚前，我們也經歷了一些不愉快的事，這些不愉快的事也讓我哭了好幾遍，哭不時因為軟弱而是想不透，無力感。**當不是你兩個人能決定的事，沒辦法控制，那種無奈是真是一點都不好受。**不過事情還是會過去的，人也能撐下去，回頭看這件事，說小不小，說大不大，但都高度考驗大家的愛與包容。

不論是愛情上或是人際關係上，我很重視人與人之間的包容，**人的行為是出於他的經歷，**所以對於每個人做法我都只是略略的表達我的意見，不說太多。

很慶幸這些高低起伏迂迴曲折的經歷都一一過了，最終也能順利完成婚禮。

到兩個人相處更需要互相遷就，就好像黏土一樣，套入你另一半的模具裡。因為總有地方你先會不滿意對方的，要做到不相和氣，就是要接受，**賢妻就是能能屈能伸，在對的時候說對的話，沒有必要出語傷人。**

有些人相處遇到磨擦時，**喜歡用語言去傷害他人來贏取這場爭拗的勝利，但事實只會讓對方難受，沒有得益者，兩者都受傷。**

很多時候憤怒就會擾亂了你的思緒，別要讓別人傷心先冷靜自己，討論的過程要有效，雙方的思維必須清晰，大家更應該冷靜，一字一句的說出解決方案，而不是製造更多問題。

有不少情侶都存在着一些隱性的問題，大家都不願意面對，因為一把問題揭出來，就像刮開瘡疤，雙方都會受傷，但是問題不解決，大家都不會走得長遠，要穩定的關係，必定要雙方坦誠，互相信任。

有時候這些問題可能是因為信任，也有可能因為以往的誤會缺乏溝通，所以大家都不想面對，但相信大家都還是很愛大家的，所以我更應該坦誠的處理，總有方要願意遷就，放下一切去愛對方便能走到最後。

結婚是一生一世的事，雖然人生太多變數，沒有人會保證到另一半能陪你走到一百歲。所以能夠與愛人結婚，也是一件幸福的事。

要懂得愛自己才會懂得愛別人，有很多人都不會怎樣愛惜自己，或者誤以為為愛自己就是自私的行為，但相反，你連自己都不愛你不會懂得怎樣去愛。

怎樣給予愛，讓人感受到你的愛，也是一門學問。早上發一個訊息，晚上關懷的問候，生活上的點滴也能表現到出來。

有不少人相愛用物質來表達，要得到什麼物質的東西才代表有多愛，這也是我不受用的。看似很幸福，另一半很願意花費在你身上，但也代表你不介意他花費金錢在你身上。

如果你是想跟他一生一世的話，應該不願意花費他的金錢，因為這是你將來養家育兒的錢，這些錢應該放在投資上，而不是這些物質上，或許另一半如果願意花一些錢投資我會更喜歡。

CHAPTER 6
當媽媽後的話

6.1 女孩、女人、母親的轉變

女孩，天真的稱呼，無憂無慮的純真可愛，偎依在爸爸媽媽身邊，是他們的掌上明珠。

女人，成熟的稱呼，有獨立的經濟能力、有自己的社交圈子，照顧父母的各個方面，對自己負上責任。

媽媽，無私的稱呼，為了孩子可以犧牲自己的一切，勇敢面對一切。

這麼大的轉變就在這幾年間發生，不同階段應該怎樣調節內在心態呢？

很多時候，我們由一個女孩子成長經歷婚姻成為一個女人，再由女人成為一個媽媽都要不斷地深化自己的內功。

女孩子是被人寵的，父母會寵你；兄弟姊妹會寵你；老師親戚朋輩都會愛惜你，你可以做錯事，但只要誠心的改過，也會得到別人的原諒。女孩子可以任性，想幹什麼就幹什麼，責任沒有那麼重，**做你所想的，沒什麼拘束，愛你所愛的，沒什麼原因。**

當了女人後，你是別人的另一半，多了一重身份，你是老公的伴侶，你是老爺奶奶的新抱，當然你還是父母的寶貝女，但負的責任就大了很多。你要讓另一半成為更好的人，因為他變好了就代表你也好，在身邊鼓勵他、支持他，把他們家的事想成是你的事。

因為每個家庭都各有「家經」，婚姻就是將兩個家庭二合為一，所以要接受伴侶的家人，抱一個尊重和開放的心態與他們相處。

只要每件事抱着開放的思想，寬容的態度，慢慢接受所有差異，和睦共處。

準媽媽應該有什麼心態？

在想這個問題前，先想想兒時自己媽媽怎樣教育你的，**學習她的優點，吸取其他家庭教育的意見，這樣你的下一代才會青出於藍。**

相信有不少人的思想都是沿用上一代，上一代怎樣教育，就一成不變的套用。當然這個方法很簡單，因為你沒有進步。你想下一代有進步，必須要作出改變。為新生命作準備，成就一個更勇敢的你。

6.2 如何用懷孕變美？長胎不長肉 0妊娠紋

你認為懷孕是這個樣子嗎？
變醜，長胖，長妊娠紋？

Week 15

我的懷孕是這個樣子的，**長胎不長肉**，整個孕期增重9公斤，皮膚光滑白皙，沒有任何妊娠紋，產後秒恢復，如何充分利用孕期變美麗？

Week 28

Week 32

90後的孕媽的思維模式

首先，我們要打破固有認知思維，老一輩人都會覺得懷孕了就要多吃，不能亂動等等，但這些思維已經不合時宜，更應該在**孕期變美，做一個健康愛美的準媽媽。**

那麼首先就要從哪裏開始呢？

Week 22

1. 堅持運動及社交

我一直有健身運動習慣，在孕早期開始一直在堅持運動，**直到孕後期**。那麼可以做什麼運動？

關於孕婦可以做的運動，有孕婦操、孕婦瑜伽、普拉提、跑步機、斜坡、慢走、游泳等運動訓練。

懷孕期間，**每天為自己打卡，鼓勵自己**，感受每一天的變化，倒數着寶寶的來臨，作為一個小收藏。

Week 38

Week 16

我個人也比較喜歡做運動，每一天堅持運動一至兩小時，跟著YouTube片或上孕婦瑜伽，完全無壓力，不論是心情還是身體狀況也像沒懷孕一樣，保持着輕鬆的狀態。

有人說懷孕是不能做運動。

傳統的思想又或是家人親戚的說話，你會聽多少呢？

不能擒高擒低，爬上爬落，更別說做運動了。但事實上做運動有很大的益處，尤其是經過我第一胎和第二胎有運動和無運動的分別，**身體機能、心態上，靠健身運動一定有幫助。**

記得當時我還到處玩樂，去船上派對、跑步跳舞，都會被家人或是親戚提點。「小心啊！大肚就唔好去啦！」相信作為準媽媽的你都聽很多這些說話，但我的個性就是任性，只要覺得自己身體狀況沒問題，便應應付，當然也要份外小心。但就不要被這些說話影響了你的日常生活，減少外出的機會。**因為每次被限制着，其實心態上也會有負面的影響，感覺懷孕帶來的重擔，所以應該釋出多餘的焦慮，享受孕期生活。**

在船上和朋友拍照留念、感受一下陽光的空氣，也是份外的充實。

如果你沒有任何運動基礎，那麼每天散散步也可以，**千萬不要整個孕期都躺平，**當然，如果你有醫學指明的禁止運動的問題，那麼就要遵從叮囑，靜養即可。

2. 孕期飲食

孕期飲食要遵循少食多餐，高蛋白、高維生素、低脂肪、低碳水化合物原則，**千萬不要覺得自己懷孕，就吃超過自己孕前多的食物，**這樣對你自己和寶寶都沒有任何好處的，只要吃得有營養就完全足夠了。懷孕期的熱量攝取，依據衞生部建議，**自懷孕第二期起，每日需增加300大卡的熱量。**但每個人每天的總熱量，需視孕婦的年齡、活動量、懷孕前的健康狀況及體重增加情形，而加以調整。

主食方面呢，最好不要吃過多的白米飯、白麵條等食物，可以用更加營養豐富的粗糧代替，比如玉米、紅薯、紫薯、麥片、山藥、雜糧飯等，最好以糙米和紅米混合取代白米，不但可以**減低血糖升幅而引致的妊娠糖尿病，亦能幫助腸道蠕動。**

肉類方面呢，避開豬肉，可以多吃一些白肉和紅肉，比如魚肉、蝦肉、牛肉等。

水果方面，每天控制份量，不要吃太多，因為水果大多數都是含糖量超高的，攝入太多可能會引起妊娠期糖尿病，很麻煩。我們要選擇吃一些低糖水果，水果為例，高GI有榴槤、荔枝、龍眼、菠蘿等；而低GI就有小蕃茄和芭樂、柳橙、櫻桃、藍莓等。

蔬菜方面，可以多吃些綠葉蔬菜，因為綠葉蔬菜裏面的葉酸含量較高，準媽媽們都知道，**懷孕初期要補充適量的葉酸，可以預防嬰兒神經管畸形**。青菜類的做法也應以水煮、素炒等為主，也可以涼拌。

其他營養品，可以吃燕窩、海參。這些都是低脂肪高蛋白的營養食物，放心吃就行，每天每餐不要把自己吃的太撐，可以少吃多餐，在兩餐之間加一餐吃點水果零食，每一周可以吃一次高熱量餐，比如烤肉、火鍋，燒烤或披薩等，作為自己一星期的 cheat day。

3. 勤快不偷懶

不要因為懷孕，就完全躺平了，不護膚不化妝，就連妊娠油都懶得塗，這樣有誰不會變醜呢？

首先，護膚方面堅持和孕前一樣的習慣就可以，護膚防曬缺一不可，避開不適合孕婦成分即可。其次呢，有妊娠紋遺傳的話就要小心，相信大家都應該聽聞過，假如你的媽媽在懷孕時期有妊娠紋的話，你在懷孕期間也會大機會遇上這些問題。

聽到這裏大家應該很擔心，胖了可以減、但一旦有了妊娠紋就不能褪，當然我也慶幸我媽媽沒有這方面的煩惱，所以我有的機會率也大大降低。但我相信透過**運動伸展皮膚，可以減低妊娠紋的出現**，之前有聽聞過一些媽媽，雖然她們的母親也有這方面的問題，但透過伸展瑜伽，亦能幸運避過這個妊娠紋的厄運。

運動至少每日一小時，可以做一些輕巧的瑜伽、簡單合適的健身運動，不僅可以增強體魄亦能防止妊娠紋。**皮膚就像一條橡筋，長久不拉的話，就好像一條放了很久的橡筋，一拉便斷。**

若果醫生說不適宜運動，還有什麼方法可以避免妊娠紋嗎？

坊間有一些防妊娠紋的香油，每天早晚都塗在肚子和大腿上，亦有預防的作用。

我當時第一胎也很擔心自己會得了妊娠紋，所以五六個月已經開始塗上香油潤滑肌膚，到後期更加頻密，要注意的是，肚子癢的時候千萬不要用手搲，用涼的濕紙巾敷一下就會緩解很多。

TIPS

1. 懷孕首3-6 個月：早晚按摩

2. 懷孕7個月後：需早、午、晚按摩

3. 如有需要，每日最多按摩5次

**4. 肚子癢的時候千萬不要用手搲，
用涼的濕紙巾濕敷一下就會緩解很多。**

4. 早睡不熬夜

很多媽媽懷孕的時候，都會有熬夜的習慣，一不小心就把自己熬成了黃臉婆，我知道在孕晚期的時候呢會因為各種不適而睡不好，但是即便這樣，最好也要保持早睡覺的習慣，睡不著就閉目養神，養的都是我們的氣血。

5. 控制體重

如果你是想順產的話，更可以按照日本醫生生孩子的建議，他們注重國民健康管理，規定醫院醫生幫助孕婦做嚴格的體重管理，降低孕婦健康風險，減少嬰兒肥胖所帶來的成人後的各種健康隱患。

說起這個孕婦的體重，日本對孕婦的要求是蠻高的。按照孕婦懷孕之前的體重，一般增加7、8公斤是最佳標準。每個月最好是增長1公斤左右，如果哪一個月長了2公斤，醫院馬上有營養師介入指導飲食，比如會讓你少吃油，少吃鹽，少吃糖，多運動。

亦因為這嚴格的體重管理讓日本成為剖腹產比例最低的國家，因此想寶寶應順產健康誕下寶寶，每個月控制在1kg，雖則我也是過來人，要自控能力在懷孕時期特別低，但只要為着腹中的寶寶能夠順利生產，相信這份意志力能夠勝過一切。

孕期體重控制表
(以懷孕前BMI作為指標)

孕前BMI指數	建議總增重	孕中後期每周建議增重
<18.5 (過輕)	12.5-18 kg	0.5-0.6 kg
18.5-24.9	11.5-16 kg	0.4-0.5 kg
25-29.9 kg	7-11.5 kg	0.2-0.3 kg
>30.0 (過重)	5-9 kg	0.2-0.3 kg

懷孕期間營養飲食補充建議，請諮詢專業醫師。

6. 心情管理三步曲

準媽媽們大抵都有過類似的感受：孕期情緒反覆，脾氣暴躁，情緒波動大，心情壓抑不知如何排解，面對腹中寶寶的細微變化擔心過度，孕期心情每天像過山車一樣。

第一步：心理準備

想要做好孕期情緒管理，必須對懷孕之後即將帶來的家庭結構轉變有相應的物質準備和心理準備。**相比物質準備，其實心理準備更重要，也更容易被忽視。**

第二步：學會接納自己的情緒

孕期隨著妊娠加重，身體變得和孕前差距越來越大，對自我的掌控能力感覺變弱，一系列的變化讓準媽媽措手不及，尤其是新手孕媽往往容易產生不自信和挫敗感。**這時，準媽媽們需要學會正確的面對自己身體的變化以及心理的變化，學會以積極樂觀的態度來面對和適應這些變化。**

第三步：學會釋放情緒

孕期準媽媽的心情容易受周遭事物以及身邊人的影響，如果消極壓抑的情緒不及時排泄出去，到後期就會越來越嚴重。準媽媽要學會適度表達情緒（特別是焦慮，擔憂，抱怨等不良情緒）。一旦非常傷心、氣憤時，也不要過度壓抑，而應該適度表達內心的感受。可以與家人交流，找個知心好友傾訴，也可以寫一寫孕期的情緒日記，記錄懷孕每一天的身體和心理變化，會讓你認同自己的情緒，並為自己的情緒找到疏導的出口。必要時，可找專業人員進行情緒疏導及心理諮詢。

7. 心情管理三步曲

懷孕期間，有的準媽媽把所有的注意力都放懷孕這件事上，對於身上發生的一切變化都小心警惕而導致精神疲憊，心情緊張。平時，可把注意力放在自己感興趣的事上，例如彈琴、畫畫，和其他準媽媽一齊分享懷孕心得；也可以去一趟的短途旅行，讓生活變得豐富起來，心情自然就會放鬆下來了。

產後身體元氣大傷，同時初為人母內心亦承受住不少壓力，身心都需要特別呵護和調理，才能盡快適應及順利過渡產後育嬰新生活。

專業陪月員就是新手媽媽的好幫手！好的陪月員除了會用心照顧媽媽產後的起居生活、為媽媽設計健康餐單、準備產後食療、烹調膳食補品以外，還會細心照顧BB日常生活的大小事，例如：餵奶掃風、沖涼換片等等；更重要是能照顧媽媽產後的心理需要、為媽媽提供情緒支援，無私分享育嬰心得和經驗，從旁指導新手爸媽專業的湊B技巧，讓爸爸媽媽都能輕鬆順利踏上育嬰之路！

坊間都有不少懷孕坐月育嬰相關的資訊平台為準媽媽及新手媽媽提供大量資訊，推薦其中一個由資深陪月員Catherine主理的Instagram專頁 **@maamaacat__** 給大家～

主理人 Catherine 從事陪月工作超過10年，曾照顧80+位初生BB及家庭，對坐月育嬰、產後護理等方面都有豐富經驗及心得；同時亦持有產後按摩紮肚修身、中醫食療、母乳餵哺及嬰兒特殊照顧、催乳師專業培訓證書，其專業及經驗都獲多位新手媽媽信賴！Catherine更會經常在專頁和新手爸媽分享專業陪月知識及湊B經驗，解答爸媽讀者的坐月育嬰疑難及煩惱，幫助不少新手爸媽及家庭。

除了網上互動分享以外，Catherine還會不時舉行育嬰及母乳實習工作坊，親自教授準爸媽有關初生嬰兒護理及母乳餵哺等技巧及心得，增加準爸媽對產後育嬰、餵哺母乳的信心！藉住日常在網上分享坐月育嬰資訊 @maamaacat__ 希望能凝聚了一眾新手媽媽，利用女性的力量去幫助更多女性，讓媽媽們能透過交流討論互相學習，齊齊在新手育兒路上成長！

▲ Catherine主張7色彩虹飲食，即產後飲食上食物顏色盡量多元化，以吸收豐富且均衡的營養！因為從中醫角度，食物顏色與五行及五臟相互對應，只要搭配得宜，便能從日常飲食調理產後身體。

6.3 想為孩子好 不是有了孩子才做

怎樣贏在起跑線？

相信在香港大家都是比較緊張的一群，不能輸在起跑線，想要子女比大家更優秀，生小朋友前已經要做好一切的準備。有誰不想自己的孩子長得漂亮可愛，考試讀書聰明伶俐呢？

那麼孩子的智慧是誰決定呢?有哪個媽媽想生下來，是想寶寶不夠聰明呢？不夠聰明也不要緊，也不要太蠢。想得長遠的媽媽，更加為他的將來着想，想他們將來輕鬆的學習有成就能自立。這些都是要IQ的配合。**而如何做到高IQ，這些就是後天不能補上的。**

我聽過一個分享，是來自一個皮紋分析師，她說想寶寶天生聰明，就要吸取DHA，因為研究證實有吸收DHA和沒有吸取DHA的寶寶，IQ上是有分別的。所以如果想寶寶比其他小朋友有更高的智慧，**在懷孕期間就要吸取DHA，幫助寶寶的腦部發展**，不然你後天再怎樣培育，也是不如人。

再者找一位優秀的另一半也是同樣重要，有誰不喜歡討好的樣子？

各人都有自己的喜好，我覺得有酒窩的人特別吸引，所以我喜歡的另一半也有酒窩，兩位孩子也有遺傳了這個基因，討人可愛。

其實就好比有些人長得不夠高，擇偶的條件也會偏向喜歡高的另一半。

這些都是孕前要決定的事。說真的，小孩的外貌不錯，也會得到多些的關注，說得很膚淺，但也很真實。不論是老師、親戚、朋輩也是同樣的待遇。亦有研究指出多被關注的小孩，都能有更高的成就。**在這種環境長大的小孩，心態也能更加正向，更會愛護人、關愛人，造成良性的循環。**

好了，有了先決條件，外表不錯，智慧也好，就是你的教育方針了。

如何教育你的孩子？你想他成為什麼人，其實你可以導向他成為這方面的人。**興趣是可以培養的，也可以給予他們自發探討的機會。**

我最着重的是孩子的身心發展，灌輸他們正面的思想，從三、四個月就每天講故事給他們聽，內容不是重點，而是培養閱讀的習慣。

閱讀更是一個不錯的親子活動，透過故事內容互相溝通了解，你會發現一個一兩歲的小孩，思想好比一個大人，甚至比你更懂事。從中，他們學會正確的價值觀，例如情緒是怎樣表達、如何與人分享、正確的理財觀念等等。

有很多時候，家長覺得和孩子溝通很困難，到底是不會溝通還是有百般的藉口？其實只要我們願意，孩子一定會配合，**因為你是他最親的一位，他對你的愛比誰都多**，所以更加要珍惜跟他們相處的時間，慢慢了解他們的想法。我的兒子雖小，大的只有兩歲多，小的快一歲，但我也能**聽到他的需要，他喜歡什麼、不喜歡幹什麼，他都會跟我溝通表達。**

世間最麻煩的事就是誤會，不希望誤會發生，就先**好好教育孩子如何表達情緒，以一個正確的途徑抒發及表達意見。**

6.4
3大教育孩子的心得

雖然我育兒的經驗不多，但在大學時候上過 Child counseling 跟孩子有接觸及互動的經驗，學會怎樣令他們聽從你的話，有效地互相溝通。很多時候家長都會懊惱，為什麼孩子總是不聽話，但有沒有發現你用的方式可能不正確。

1. 怎樣讚美孩子

以下分享一下我怎樣讚美孩子，**除了能夠建立與他們的親密關係，也能讓孩子提高自我的認知並深化他們對自己的認可。**

相信你都會對孩子說過：「很厲害！你是最叻的！你是最好的！」
在教育界，這叫：**「賞識教育。」**

這種教育鼓勵使用讚賞孩子的方式來強化孩子的行為，但事實上孩子是不是接受這些讚賞，他們真的感受到讚賞帶來的力量嗎？**還是純粹感覺只是敷衍的一句話。**

舉一個例子，當一個小朋友畫了一幅畫給媽媽看，問她畫得怎樣，她媽媽回答：「很好的一幅畫！」然後小朋友問：「怎麼好？」媽媽便說：「畫得很好！很漂亮！」結果小朋友還沒聽完便說：「你根本就不喜歡我這幅畫！」

其實，這種心態換到成年人身上也有，比如說，談戀愛的時候，很多女生都喜歡問男生：「我漂亮嗎？」一般男生都毫不猶豫地回答：「漂亮啊！」女生緊接著就會問：「是哪裏漂亮呢？」要是男生說不上來，這時麻煩就大了，**這就是空洞的讚美帶來的副作用。**

相信不管是大人還是小孩，都希望別人是用心讚美他。正確讚美孩子的表達方式是**大人要去描述並讚美孩子正確的行為，讓他知道你不是在敷衍。**

舉一個例子來說明，當孩子拿著自己塗鴉的作品，來問家長畫的好不好。試換了一個表達方式，不要簡單的說好或者不好，而是試著去描述自己看到的東西，例如說：「我看到你畫了個圓圈，這邊有個笑臉和公公婆婆。」那樣小孩便會得到你的認同，不會覺得你敷衍了事。

孩子的世界其實很簡單，你對他們做的事情表達出一個積極的感受，他們就會覺得非常開心，所以家長對孩子表達讚美的時候，可以嘗試多去描述你所看見的和內心的感受。

2. 接納孩子負面的情緒

接納孩子負面的情緒，認真傾聽孩子的感受，並幫助他們好好表達自己。

做父母的，總是希望孩子能夠開開心心，如果孩子失落時，大部分父母都會告訴孩子不要難過，事情沒有那麼嚴重。可是往往令到他們哭得更厲害，這到底是為什麼呢?

舉一個例子，當孩子哭着說奶嘴不見了，你卻跟他說：「沒什麼大不了，買一個新的便可以。」，結果孩子繼續哭著說：「我要粉紅色那個奶嘴！」

對於正在哭的孩子，這是一個表面上拒絕和否定，因為孩子其實想要你理解他有多難過，但你在否定孩子的感受，告訴孩子，不是一件大事，把專注都放到奶嘴上。

請緊記與孩子溝通時不要失去耐性，他不是無理取鬧，而是需要你們理解他的感受。

那麼怎樣溝通才最有效呢？

我們必須學會換位思考，站在孩子的立場看待問題，盡可能理解他們的感受，試圖幫助孩子說出他們的想法。

例如說：「你是不是很想要粉紅色的奶嘴？」、「你現在哭得很傷心對吧？」

這些對話反而令孩子覺得你關心他，而且了解他，**當孩子的情緒受到安撫後，才慢慢教育他**，再找方法幫他解決。

3.教育孩子正確地表達感受

當孩子在鬧情緒時，有的會生氣打人、有的會說傷人的話，而作為**家長應該設立宣洩情緒的原則，鼓勵他們恰當地表達情感。**

孩子很小的時候也曾經試過打人的行為，當時我也不解，沒人教他，為什麼他會懂得用這種方法來宣洩呢？
後來經過閱讀幼兒教學的書本，從中學會了教孩子正確表達感受。當他們有情緒時，**應立即阻止一些不良行為，矯正他們以正確的方向表達情緒。**

例如我會教他雙手抱胸來表達憤怒的意思，一開始他會不習慣，仍然會出現用手發洩的情況，但當我們持續提點，**這些不良行為會逐漸改善。**

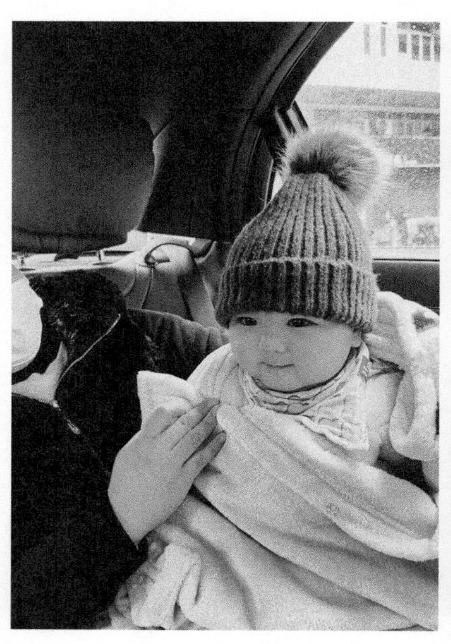

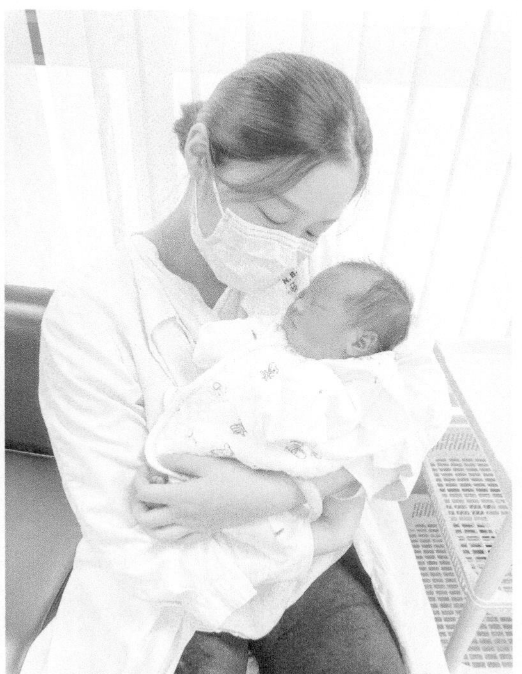

書名：The Next: WKOL——由平凡變得不平凡

作者：	丁家欣 Asana Ting
編輯：	藍天圖書編輯組
封面設計：	龔芷琦
內文設計：	余采鈞
出版：	紅出版（藍天圖書）
地址：	香港灣仔道133號卓凌中心11樓
出版計劃查詢電話：	(852) 2540 7517
電郵：	editor@red-publish.com
網址：	http://www.red-publish.com

香港總經銷：	聯合新零售(香港)有限公司

出版日期：	2022年7月
圖書分類：	創業 / 保險
ISBN：	978-988-8822-08-9
定價：	港幣 128 元正